もくじ

啓林館版　理科１年

テストの範囲や学習予定日をかこう！

学習計画	
出題範囲	学習予定日
5/14	5/10
テストの日	5/11

	教科書ページ	この本のページ ココが要点	予想問題	学習計画 出題範囲	学習予定日
生命　いろいろな生物とその共通点					
自然の中にあふれる生命 １章　植物の特徴と分類(1)	2～25	**2～3**	**4～7**		
１章　植物の特徴と分類(2)	26～33	**8～9**	**10～11**		
２章　動物の特徴と分類	34～63	**12～13**	**14～15**		
地球　活きている地球					
１章　身近な大地 ２章　ゆれる大地	64～85	**16～17**	**18～19**		
３章　火をふく大地	86～100	**20～21**	**22～23**		
４章　語る大地	101～129	**24～25**	**26～29**		
物質　身のまわりの物質					
サイエンス資料 １章　いろいろな物質とその性質	130～153	**30～31**	**32～33**		
２章　いろいろな気体とその性質	154～164	**34～35**	**36～37**		
３章　水溶液の性質	165～176	**38～39**	**40～41**		
４章　物質のすがたとその変化	177～203	**42～43**	**44～45**		
エネルギー　光・音・力による現象					
１章　光による現象	204～227	**46～47**	**48～51**		
２章　音による現象	228～237	**52～53**	**54～55**		
３章　力による現象(1)	238～248	**56～57**	**58～59**		
３章　力による現象(2)	249～265	**60～61**	**62～63**		
★ **巻末特集**			**64**		

解答と解説　別冊

ふろく　テストに出る！　**５分間攻略ブック**　別冊

自然の中にあふれる生命
１章　植物の特徴と分類(1)

①双眼実体顕微鏡
プレパラートをつくる必要がなく，観察物を立体的に観察できる顕微鏡。

ポイント
人により目の幅がちがうので，双眼実体顕微鏡の接眼レンズは，自分に合った幅にする。

②対物レンズ
レボルバーにとりつけてあり，回転して倍率を変える。

③反射鏡
顕微鏡で，視野の明るさを調節するための鏡。

④プレパラート
スライドガラスに観察物をのせ，カバーガラスを下ろしたもの。

⑤レボルバー
顕微鏡で，対物レンズをとりつける部分。

テストに出る！ ココが要点　解答 p.1

① 身のまわりの生物の観察

教 p.2～p.15

1 自然観察のポイント

(1) 観察のしかた

- 観察するものに近づいたり，耳をすましたり，ルーペ，(① 　　　　)，顕微鏡で拡大したりして観察する。
- 生物どうしの共通点とちがう点を見つける。

2 ルーペ，双眼実体顕微鏡，顕微鏡の使い方

(1) ルーペの使い方

- 観察するものが動かせるときは，観察するものを前後に動かしてピントを合わせる。
- 観察するものが動かせないときは，観察するものに自分が近づいたり離れたりして，ピントを合わせる。

(2) 双眼実体顕微鏡の使い方

❶ 左右の視野が重なって1つに見えるように接眼レンズの幅を自分の目の幅に合わせる。

❷ 鏡筒を支えながら粗動ねじをゆるめ，観察物の大きさに合わせて鏡筒を上下させ，粗動ねじをしめて固定する。その後，微動ねじを回して，右目のピントを合わせる。最後に，視度調節リングを回して左目のピントを合わせる。

(3) 顕微鏡の使い方

❶ (② 　　　　)を低倍率にし，(③ 　　　　)としぼりを調節して視野全体を明るくする。

❷ (④ 　　　　)をステージにのせ，横から見ながら調節ねじを回して対物レンズとの間をできるだけ近づける。

❸ 調節ねじを❷とは逆向きに回してピントを合わせる。高倍率にするときは(⑤ 　　　　)を回して対物レンズを高倍率にする。視野がせまく暗くなるので，しぼりで明るさを調節する。

図１
(㋐ 　　　　)レンズ
鏡筒
レボルバー
クリップ
(㋑ 　　　　)レンズ
ステージ
しぼり
(㋒ 　　　　)
調節ねじ

(4) 拡大倍率＝接眼レンズの倍率×対物レンズの倍率

ココが要点の答えになります。

3 生物のなかま分けのしかた

(1) 生物のなかま分け　生物の特徴に注目し，１つの見かた(**観点**)を決め，次にその見かたから考えられる，より細かな見かた(**基準**)を決めてなかま分けをする。共通の特徴やちがいに注目してなかま分けし，整理することを(⑥　　　　)という。

観点・基準が複数あるときは表や図にまとめ，仮説にもとづいて観察したり，図鑑で調べたりする。

2 植物の特徴と分類

教 p.18〜p.25

1 花のつくり

(1) 花弁
- **離弁花**…アブラナのように花弁が１枚１枚離れている花。
- **合弁花**…ツツジのように花弁がたがいにくっついている花。

(2) 花のつくり　外側から，**がく**，**花弁**，**おしべ**，**めしべ**の順。
- おしべ…先端にある小さな袋を(⑦　　　　)といい，中に**花粉**が入っている。
- めしべ…先端を(⑧　　　　)，根もとのふくらんだ部分を**子房**といい，中には(⑨　　　　)という粒がある。

(3) (⑩　　　　)　胚珠が子房の中にある植物。

(4) 花の変化　花粉がめしべの柱頭につくことを**受粉**といい，受粉すると，子房は**果実**に，胚珠は(⑪　　　　)になる。

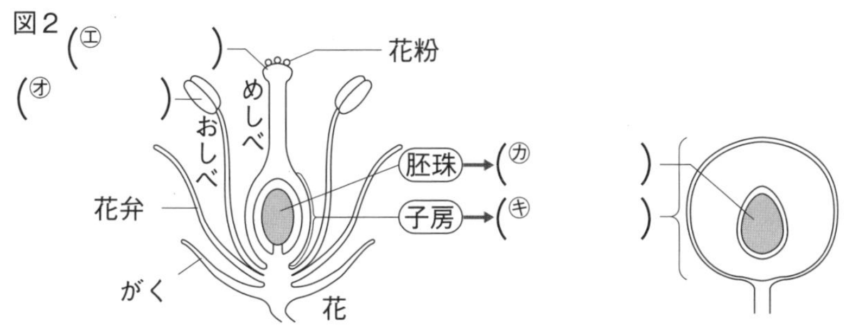

2 マツの花と種子

(1) (⑫　　　　)　胚珠がむきだしになっている植物。子房がないため，果実はできない。

(2) (⑬　　　　)　種子でふえる植物のなかま。

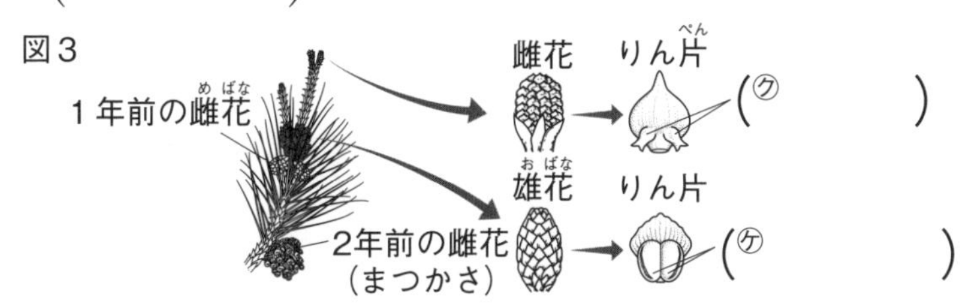

⑥**分類**
特徴やちがいに注目してなかま分けすること。

ポイント
中学校からは花びらのことを花弁という。

⑦**やく**
おしべの先端にあり，花粉が入っている袋。

⑧**柱頭**
めしべの先端の部分。花粉がつきやすいように，ねばりけがある。

⑨**胚珠**
被子植物では，子房の中にある粒。

⑩**被子植物**
アブラナやツツジなどのように，胚珠が子房の中にある植物。

⑪**種子**
受粉後，胚珠が変化してできるもの。発芽すると次の世代の植物になる。

⑫**裸子植物**
マツやスギ，イチョウなどのように，胚珠がむきだしの植物。果実はできない。

⑬**種子植物**
種子でふえる植物のなかま。被子植物と裸子植物に分けられる。

テストに出る！

予想問題　自然の中にあふれる生命　1章　植物の特徴と分類(1)－①

30分
/100点

1 校庭で見られるセイヨウタンポポの花を観察した。これについて，次の問いに答えなさい。

4点×3〔12点〕

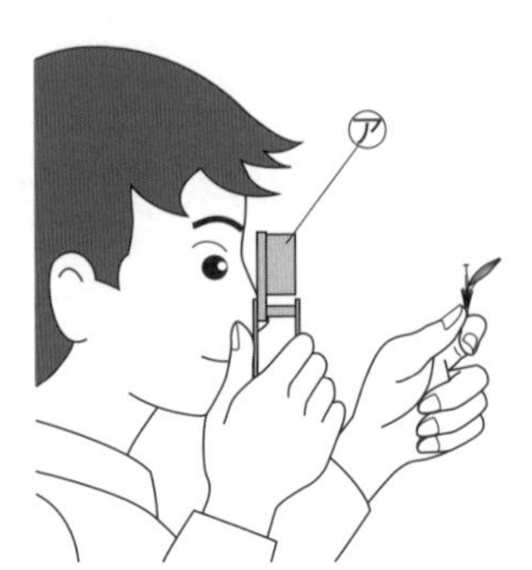

(1) 図の㋐の器具を何というか。（　　　　　）

(2) 図で，ピントを合わせるときに動かすのは，花と自分の顔のどちらか。（　　　　　）

(3) セイヨウタンポポがたくさん見られるのは，どのような場所か。次のア～ウから選びなさい。（　　）

ア　日当たりがよく，乾（かわ）いているところ。

イ　日当たりがよく，湿（しめ）っているところ。

ウ　日当たりが悪く，湿っているところ。

2 右の図1のような，ステージ上下式の顕微鏡について，次の問いに答えなさい。

3点×12〔36点〕

図1

(1) 図1のA～Fを，それぞれ何というか。

A（　　　　　）　B（　　　　　）

C（　　　　　）　D（　　　　　）

E（　　　　　）　F（　　　　　）

(2) 次のア～エの文は，顕微鏡の使い方を説明したものである。ア～エを正しい順に並べなさい。

（　　→　　→　　→　　）

ア　Aをのぞきながら調節ねじを回し，ピントを合わせる。

イ　Dにプレパラートをのせる。

ウ　横から見ながら調節ねじを回し，Cとプレパラートを近づける。

エ　Aをのぞきながら EとFを調節して，明るく見えるようにする。

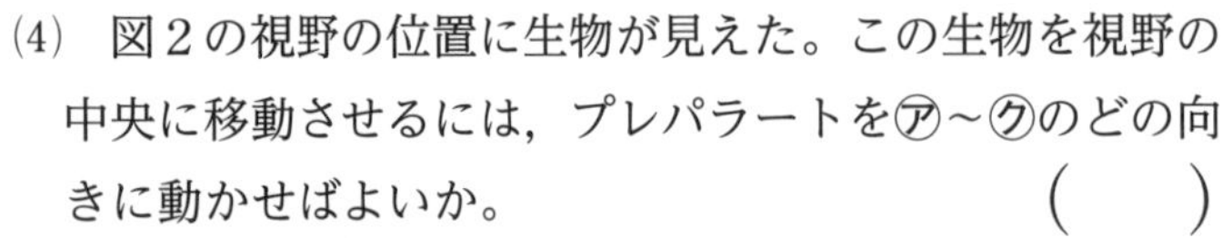

(3) Aには10倍，Cには40倍のレンズを使った。このときの拡大倍率は何倍か。（　　　　　）

(4) 図2の視野の位置に生物が見えた。この生物を視野の中央に移動させるには，プレパラートを㋐～㋗のどの向きに動かせばよいか。（　　）

図2

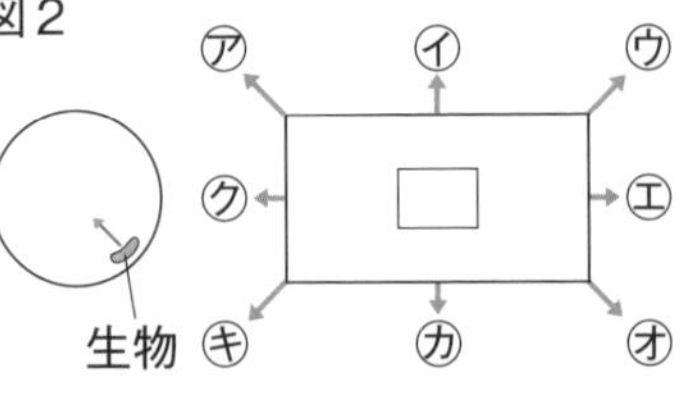

(5) 図3は，顕微鏡で観察した水の中の小さな生物である。①～③の生物を，それぞれ何というか。

①（　　　　　）
②（　　　　　）
③（　　　　　）

図3

①

②
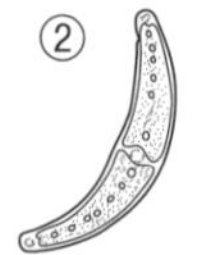
③
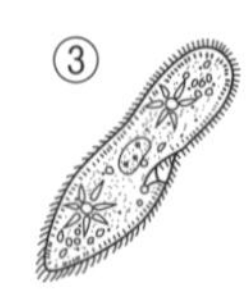

3 身のまわりの生物の分類について，次の問いに答えなさい。 3点×4〔12点〕

(1) 次の生物を，①～③の基準で分類したとき，あてはまる生物の名前をすべて書きなさい。

〔 クワガタ　コンブ　フナ　サワガニ　サクラ　マグロ 〕

① 陸上 (　　　)
② 川・池 (　　　)
③ 海 (　　　)

(2) (1)のときの，観点は何か。 (　　　)

4 下の図1はサクラの花と果実のつくりを表したもの，図2はアブラナのめしべを表したものである。これについて，あとの問いに答えなさい。 2点×12〔24点〕

図1　図2

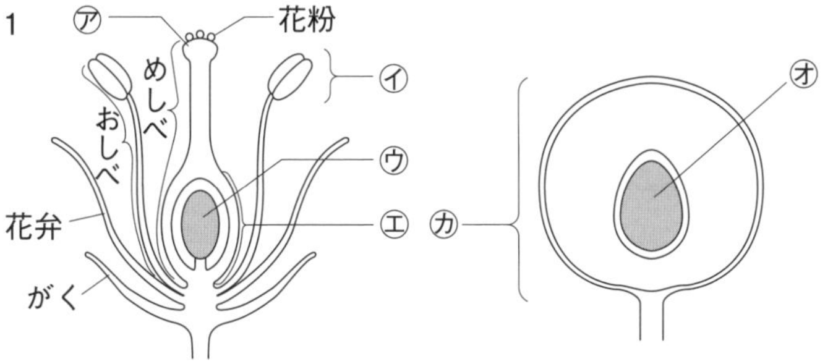

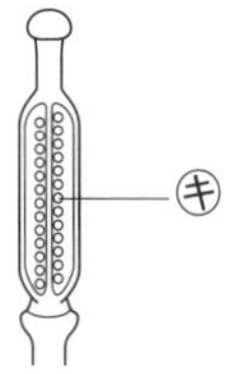

(1) 図1の㋐～㋕のつくりを，それぞれ何というか。

㋐(　　　) ㋑(　　　) ㋒(　　　)
㋓(　　　) ㋔(　　　) ㋕(　　　)

(2) アブラナのように，花弁が1枚1枚離れている花を何というか。 (　　　)

(3) 花粉は，㋐～㋓のどの部分でつくられるか。 (　　　)

(4) 花粉がめしべの㋐の部分につくことを何というか。 (　　　)

(5) (4)が起こると，㋓の部分は㋔と㋕のどちらになるか。 (　　　)

(6) 図2の㋖は，図1の㋐～㋓のどの部分にあたるか。 (　　　)

(7) 図1のように，㋒が㋓の中にある植物を何というか。 (　　　)

5 右の図のマツの花のつくりについて，次の問いに答えなさい。 2点×8〔16点〕

(1) 図の㋐，㋑の花をそれぞれ何というか。

㋐(　　　) ㋑(　　　)

(2) 図の㋒～㋕のつくりをそれぞれ何というか。

㋒(　　　) ㋓(　　　)
㋔(　　　) ㋕(　　　)

(3) マツのように，胚珠がむきだしの植物を何というか。 (　　　)

(4) アブラナやマツのように，種子でふえる植物を何というか。 (　　　)

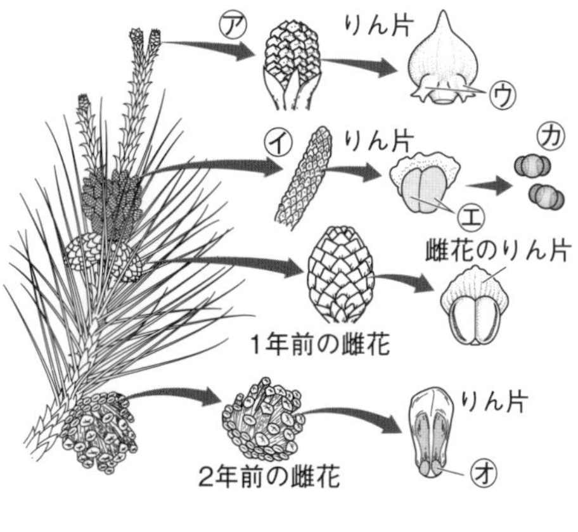

テストに出る!
予想問題 自然の中にあふれる生命 1章 植物の特徴と分類(1)－②

30分

/100点

1 双眼実体顕微鏡について，次の問いに答えなさい。

5点×4〔20点〕

(1) 図のA～Cを，それぞれ何というか。

A (　　　　　)
B (　　　　　)
C (　　　　　)

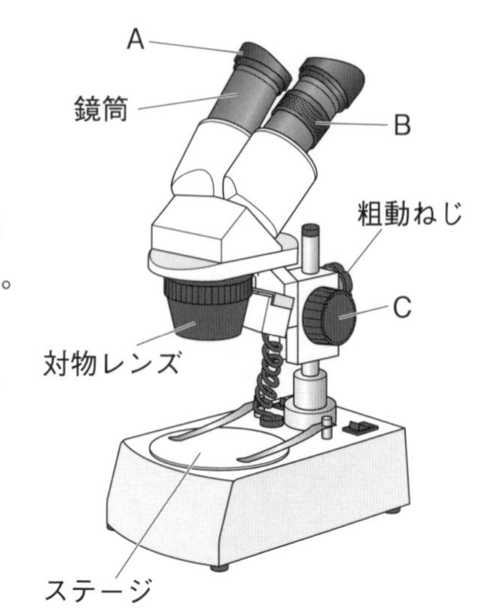

(2) 次のア～ウの文は，双眼実体顕微鏡の使い方を説明したものである。ア～ウを正しい順に並べなさい。

(　　→　　→　　)

ア　左目でのぞきながら，Bを回してピントを合わせる。

イ　左右の視野が１つに見えるようにAを目の幅に合わせる。

ウ　右目でのぞきながら，Cを回してピントを合わせる。

2 下の図は，10種類の生物を，「移動」を観点として分類したときの結果を表したものである。これについて，あとの問いに答えなさい。

4点×6〔24点〕

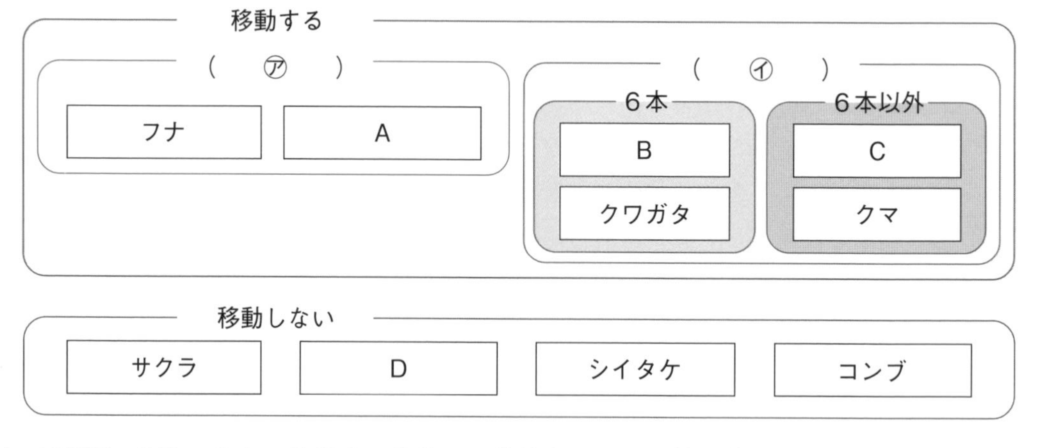

(1) 10種類の生物のうち，移動する生物は，移動するときに使う体のつくりによって，㋐，㋑の２つに分けられる。図の㋐，㋑にあてはまる言葉を，下の〔　〕から選びなさい。

㋐(　　　　　)　㋑(　　　　　)

〔　つばさ　　あし　　ひれ　〕

(2) 図のA～Dにあてはまる生物を，下の〔　〕から選びなさい。

A (　　　　　)　B (　　　　　)　C (　　　　　)　D (　　　　　)

〔　サル　　マグロ　　アサガオ　　アリ　〕

3 右の図は，花のつくりを表したものである。次の問いに答えなさい。 4点×8〔32点〕

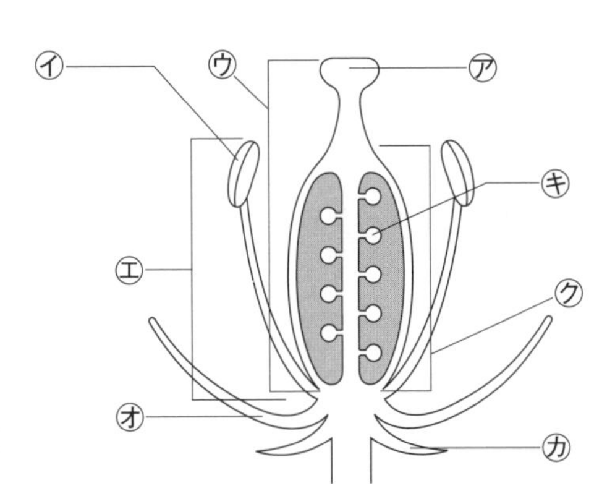

(1) 図のア，クを，それぞれ何というか。

ア（　　　　）
ク（　　　　）

(2) アに花粉がつくことを何というか。

（　　　　）

(3) 花粉の運ばれ方は，植物によってちがう。次の①～③のような花粉の運ばれ方をする花を，それぞれ何というか。

①昆虫によって運ばれる。　②鳥によって運ばれる。　③風によって運ばれる。

（　　　　）　（　　　　）　（　　　　）

(4) (2)が行われた後，果実と種子になるのは，どの部分か。ア～クからそれぞれ選びなさい。

果実（　　）
種子（　　）

よく出る **4** 右の図はマツの雄花と雌花の，それぞれのりん片を拡大したものである。これについて，次の問いに答えなさい。 4点×6〔24点〕

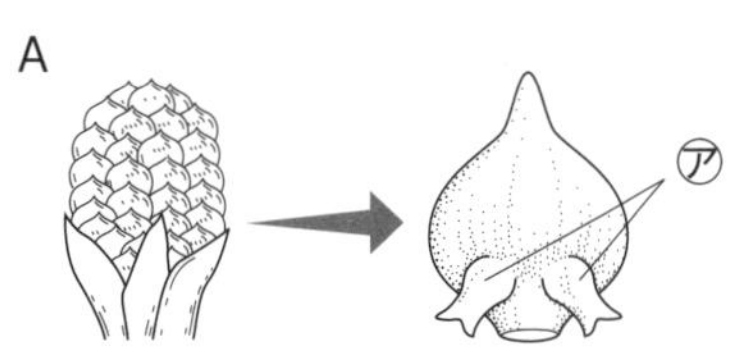

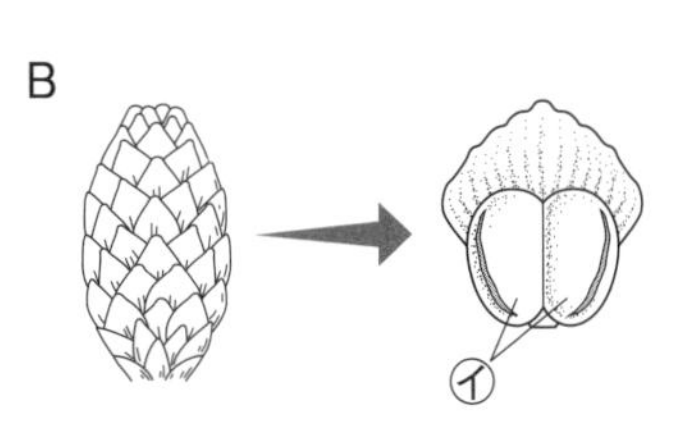

(1) 図のA，Bのうち，雌花はどちらか。（　　）

(2) 図のA，Bのうち，枝の先に集まってついているのはどちらか。（　　）

(3) 図のア，イのつくりを何というか。

ア（　　　　）　イ（　　　　）

(4) マツの花のつくりについて，正しく述べたものはどれか。次のア～エから選びなさい。（　　）

ア　子房があり，果実をつくる。　**イ**　がくがあり，花の内部を守っている。
ウ　子房はなく，果実をつくらない。　**エ**　花弁があり，花の内部を守っている。

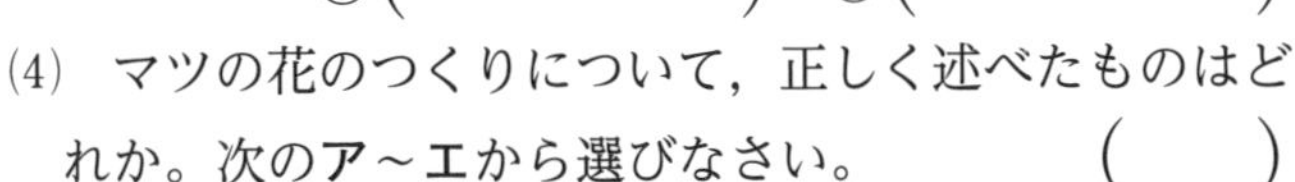

(5) マツのように，図のアの部分がむきだしになっている植物を何というか。

（　　　　）

1章 植物の特徴と分類(2)

①単子葉類（たんしようるい）
子葉が1枚の被子植物のなかま。
②双子葉類（そうしようるい）
子葉が2枚の被子植物のなかま。
③平行脈（へいこうみゃく）
単子葉類に見られる平行な葉脈。
④ひげ根（ね）
単子葉類のもつ，地中に広がる細い根。
⑤網状脈（もうじょうみゃく）
双子葉類に見られる網目状の葉脈。
⑥主根（しゅこん）
双子葉類のもつ1本の太い根。
⑦側根（そっこん）
双子葉類の主根から出る細い根。
⑧根毛（こんもう）
どの植物でも根の先端に生えている毛のような根。

植物の種類によって葉脈のようすや根のつくりがちがうんだね。

テストに出る！ ココが要点 解答 p.2

1 植物の体の特徴と分類

教 p.26～p.33

1 子葉（しよう）や葉，根のつくりと分類

(1) 被子植物のなかま分け 種子が発芽し，最初に出てきた葉を子葉という。子葉が1枚のなかまを(①)といい，子葉が2枚のなかまを(②)という。子葉の後に出てきた大きな葉にはすじがあり，このすじを葉脈（ようみゃく）という。

●単子葉類…葉脈は(③)で，たくさんの細い(④)という根をもつ。
例 ユリ，スズメノカタビラ

●双子葉類…葉脈は(⑤)で，根は1本の太い(⑥)と，そこから枝分かれした細い(⑦)からなる根をもつ。
例 アブラナ，ナズナ

●(⑧) どの根の先端近くにも生えている，小さな毛のようなもの。

図1●子葉，葉脈，根のつくり●

	子葉	葉脈	根のつくり	根毛
単子葉類	1枚 	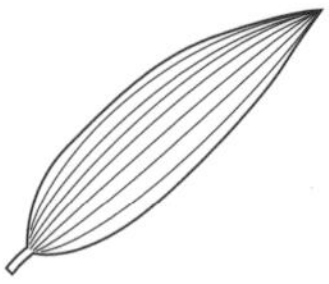 (㋐)	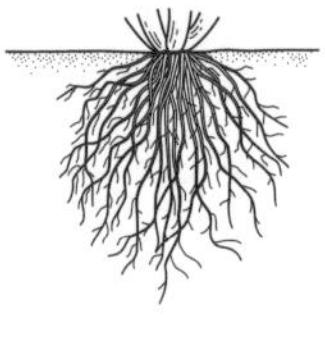 (㋒)	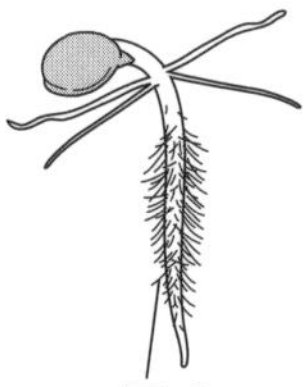 根毛
双子葉類	2枚 	 (㋑)	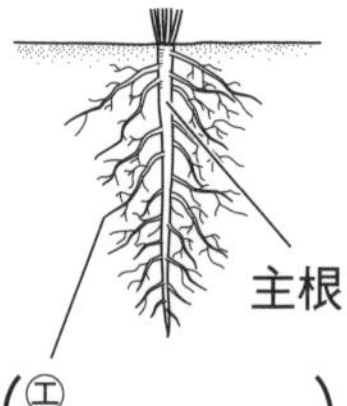 主根 (㋓)	

ココが要点の答えになります。

2 種子をつくらない植物

(1) 種子をつくらない植物　胞子のうでつくられた（⑨　　　　）でふえる。

(2) （⑩　　　　）　イヌワラビ，ゼンマイなどのなかま

特徴 ●葉の裏に（⑪　　　　）があり，胞子がつくられる。
●葉，茎，根の区別がある。茎は地中にあるものが多い。

(3) （⑫　　　　）　ゼニゴケ，スギゴケなどのなかま

特徴 ●葉，茎，根の区別がない。根のような部分は（⑬　　　　）といい，体を地面などに固定する役目をもつ。
●ゼニゴケやスギゴケには雌株，雄株があり，胞子は（⑭　　　　）の胞子のうでつくられる。

図2 ●シダ植物●

葉
茎
根
葉の裏
（オ　　　　）
胞子のう

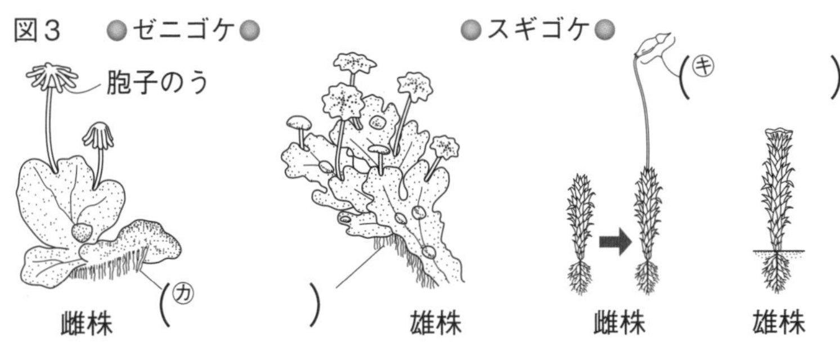

⑨胞子
胞子のうの中でつくられる。シダ植物やコケ植物は胞子でふえる。

⑩シダ植物
イヌワラビやスギナなど。葉，茎，根の区別がある。

⑪胞子のう
胞子をつくっている袋。シダ植物では，葉の裏に多い。

⑫コケ植物
ゼニゴケやスギゴケなど。葉，茎，根の区別がない。

⑬仮根
コケ植物で，根のように見える部分。

⑭雌株
ゼニゴケ，スギゴケで，胞子のうをもち，胞子をつくる株。

3 植物の分類

(1) 植物をそれぞれの特徴によって分類することができる。

●種子をつくる植物とつくらない植物
●種子植物の子房がある植物とない植物
●被子植物の子葉が1枚の植物と2枚の植物
●双子葉類の花弁がくっついている植物と離れている植物

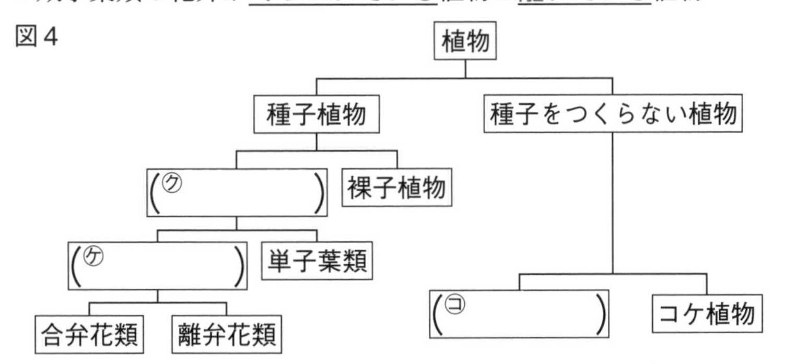

テストに出る！
予想問題　1章　植物の特徴と分類(2)

30分　/100点

1 下の表は，被子植物を２つのなかまに分けるときの特徴(とくちょう)についてまとめたものである。これについて，あとの問いに答えなさい。　4点×9〔36点〕

	子葉	葉脈	根のつくり	
A	２枚	①	太い１本の（③）と細い（④）	（⑥）
B	１枚	②	（⑤）	

(1) A，Bのような特徴をもつ被子植物のなかまを，それぞれ何というか。

A（　　　　）　B（　　　　）

(2) ①，②のような葉脈を，それぞれ何というか。

①（　　　　）　②（　　　　）

(3) 根のつくりについて，③〜⑤にあてはまる言葉をそれぞれ答えなさい。

③（　　　　）　④（　　　　）　⑤（　　　　）

(4) ⑥のような細い毛のようなものは，何というか。また，根のどこに生えているか。

名称（　　　　）

生えている部分（　　　　）

2 右の図は，イヌワラビの体のつくりを表したものである。これについて，次の問いに答えなさい。　4点×6〔24点〕

(1) イヌワラビの茎，根，葉はどの部分か。図の㋐〜㋒で答えなさい。

茎（　　）

根（　　）

葉（　　）

(2) イヌワラビは，何でなかまをふやすか。

（　　　　）

(3) (2)をつくる袋を何というか。　（　　　　）

(4) イヌワラビのような植物を何というか。

（　　　　）

㋐
㋑
㋒

3 下の図は，ゼニゴケの体のつくりを表したものである。これについて，あとの問いに答えなさい。
4点×6〔24点〕

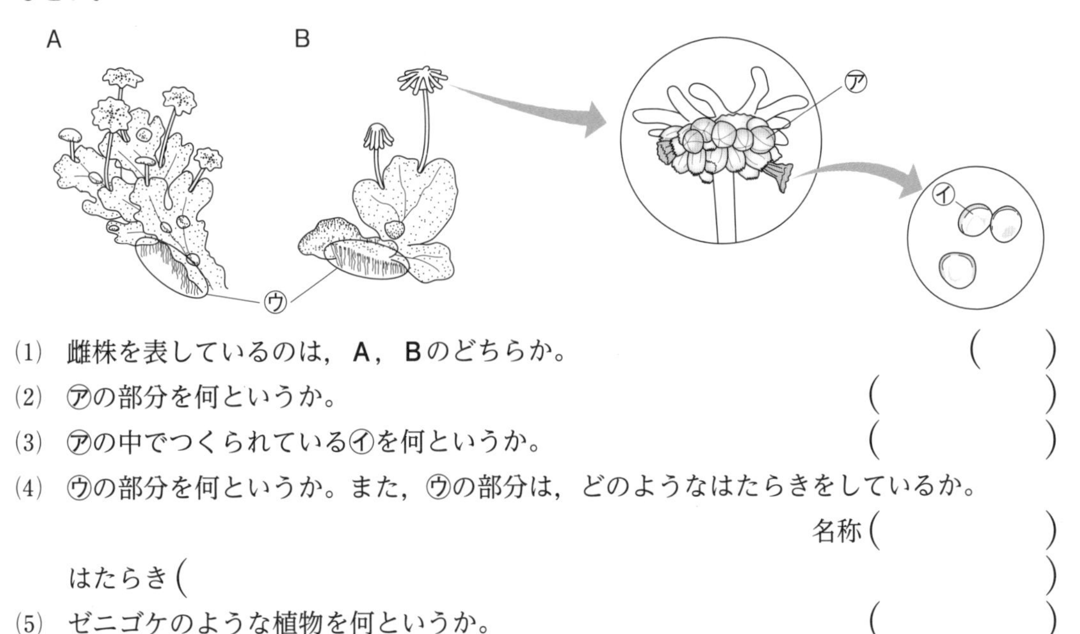

(1) 雌株を表しているのは，A，Bのどちらか。 (　　)

(2) ㋐の部分を何というか。 (　　)

(3) ㋐の中でつくられている㋑を何というか。 (　　)

記述 (4) ㋒の部分を何というか。また，㋒の部分は，どのようなはたらきをしているか。

名称(　　)

はたらき(　　)

(5) ゼニゴケのような植物を何というか。 (　　)

4 下の図の植物の分類について，あとの問いに答えなさい。
4点×4〔16点〕

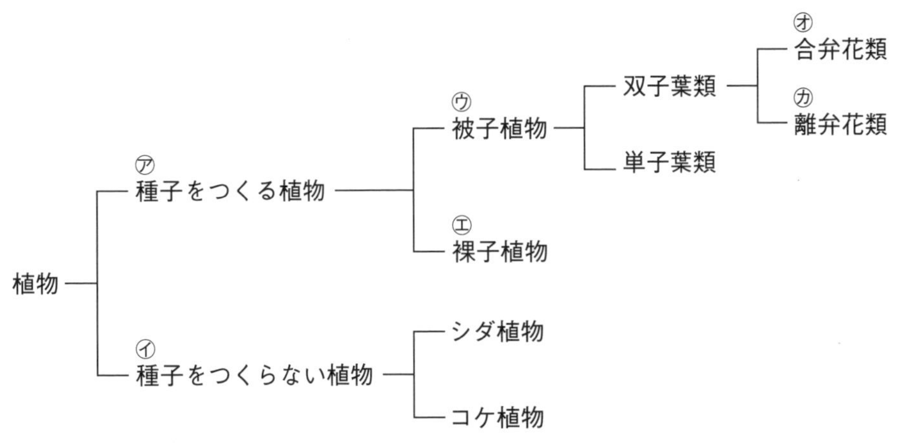

(1) ㋐の種子をつくる植物を何というか。 (　　)

(2) ㋑の種子をつくらない植物は，種子のかわりに何でふえるか。 (　　)

記述 (3) 植物を㋐と㋑に分ける特徴は，「種子をつくるか，つくらないか」である。㋐をさらに㋒と㋓に分けるとき，その特徴を「胚珠」という言葉を使って，「～か，～か」という形で答えなさい。

(　　)

記述 (4) 双子葉類をさらに㋔と㋕に分けるとき，その特徴を「花弁」という言葉を使って，「～か，～か」という形で答えなさい。

(　　)

2章　動物の特徴と分類

①肉食動物(にくしょくどうぶつ)
ほかの動物の肉を食べる動物。犬歯がするどく，臼歯は肉をさいたり骨をくだくのに適している。

②草食動物(そうしょくどうぶつ)
植物(草，木)を食べる動物。門歯と臼歯が発達している。

③脊椎動物
背骨をもつ動物のなかま。

④えら
魚類は一生，えらで呼吸する。両生類の子はえらで呼吸する。両生類の子と親は皮膚でも呼吸する。

⑤肺
両生類の親，は虫類，鳥類，哺乳類は肺で呼吸する。

⑥胎生(たいせい)
哺乳類の，なかまのふやしかた。親と同じすがたで生まれる。

⑦卵生(らんせい)
魚類，両生類，は虫類，鳥類の，なかまのふやしかた。

テストに出る！ ココが要点　解答 p.3

① 動物の体のつくりと生活　教 p.34～p.39

1 食べ物による体のつくりのちがい

(1) 食べ物によるちがい
- (① 　　　　)…ほかの動物を食べる動物。
- (② 　　　　)…植物を食べる動物。

(2) 肉食動物と草食動物の体のつくりのちがい
- 肉食動物の犬歯は大きく，獲物をとらえやすい。目が顔の正面にあり，獲物との距離をはかってとらえるのに適している。
- 草食動物の門歯や臼歯(きゅうし)は，草を切ったり，すりつぶしたりするのに適している。目が顔の横にあり，広い範囲が見え，背後から近づいてくる肉食動物を早く知ることができる。

② 背骨(せぼね)のある動物，背骨のない動物　教 p.40～p.53

1 背骨のある動物

(1) (③ 　　　　)　背骨をもつ動物のなかま。

(2) 呼吸(こきゅう)のしかた
- 魚類(ぎょるい)…(④ 　　　　)で呼吸する。
- は虫類(ちゅうるい)，鳥類(ちょうるい)，哺乳類(ほにゅうるい)…(⑤ 　　　　)で呼吸する。
- 両生類(りょうせいるい)…子はえらと皮膚(ひふ)，親は肺と皮膚で呼吸する。

(3) 体の表面のようす
- 魚類…うろこでおおわれている。
- 両生類…うすく湿った皮膚でおおわれている。
- は虫類…かたいうろこでおおわれていて，体内が乾燥しにくいつくりになっている。
- 鳥類…羽毛でおおわれている。体温が下がりにくい。
- 哺乳類…体毛でおおわれている。体温が下がりにくい。

(4) なかまのふやし方
- (⑥ 　　　　)…子が子宮(しきゅう)の中である程度成長してから生まれる，哺乳類のなかまのふやし方。
- (⑦ 　　　　)…卵から子がかえる，魚類，両生類，は虫類，鳥類のなかまのふやし方。

ココが要点の答えになります。

2 背骨のない動物

(1) (⑧　　　　　) 背骨をもたない動物のなかま。

(2) (⑨　　　　　) 背骨はないが体の外側が(⑩　　　　　)でおおわれていて，体やあしが多くの節で分かれている動物。卵生で，脱皮して成長するものが多い。

● (⑪　　　　　)…体が**頭部**，**胸部**，**腹部**に分かれ，胸部に3対のあしがある。胸部や腹部に**気門**があり，ここから空気をとり入れて呼吸する。
例 バッタ，カブトムシ

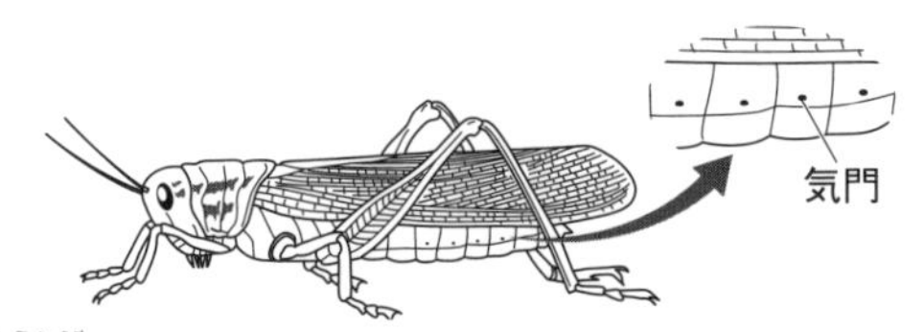

● (⑫　　　　　)…**頭胸部**，**腹部**の2つ，あるいは，**頭部**，**胸部**，**腹部**の3つに分かれている。多くは水中で生活し，えらで呼吸する。
例 エビ，カニ

● その他の節足動物 例 クモ，ムカデ，ヤスデ

(3) **軟体動物** 背骨，外骨格はなく，内臓は**外とう膜**でおおわれている。水中で生活するものが多く，**えら**で呼吸する。陸上で生活するマイマイ(カタツムリ)などは，肺で呼吸する。
例 イカ，タコ，アサリ，マイマイ，ウミウシ

(4) その他の無脊椎動物
例 ヒトデ，クラゲ，イソギンチャク，ミミズ

3 動物の分類

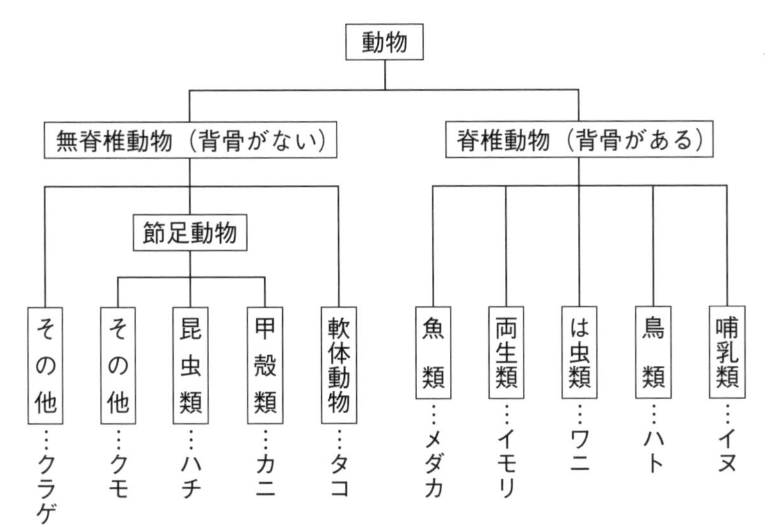

満点ミッション

⑧**無脊椎動物**
背骨をもたない動物のなかま。節足動物，軟体動物，その他の動物がいる。

⑨**節足動物**
外骨格をもち，体が多くの節に分かれている動物。節足動物には昆虫類，甲殻類などがいる。

⑩**外骨格**
外骨格は体を保護しているが，大きくならないので，多くの節足動物は脱皮して成長する。

⑪**昆虫類**
節足動物。体が頭部，胸部，腹部の3つに分かれている。胸部や腹部に呼吸のための気門がある。

⑫**甲殻類**
節足動物。体は頭胸部・腹部の2つ，または頭部・胸部・腹部の3つに分かれている。おもに水の中で生活し，えらで呼吸する。

解答 p.3

テストに出る！

予想問題　2章　動物の特徴と分類

30分　/100点

1 下の図は，背骨のある動物を表したものである。これについて，あとの問いに答えなさい。

3点×14〔42点〕

フナ　|　カエル　|　トカゲ　|　カモ　|　シマウマ

㋐　㋑　㋒　㋓

(1) 背骨をもつ動物を何というか。（　　）

(2) 次の特徴をもつ動物を，上の図からそれぞれ選びなさい。

① 一生を水中で生活し，水中にかたい殻のない卵を産む。（　　）

② 子はえらや皮膚，親は肺や皮膚で呼吸する。（　　）

③ 体の表面がかたいうろこでおおわれていて，乾燥しにくい。（　　）

④ 体の表面が羽毛でおおわれている。（　　）

(3) 1回に産む卵や子の数がもっとも多い動物を，上の図から選びなさい。

（　　）

(4) なかまのふやし方で2つのグループに分けるとき，区切りはどこになるか。㋐～㋓から選びなさい。また，フナをふくむグループ，フナをふくまないグループのなかまのふやし方をそれぞれ何というか。

区切り（　　）

フナをふくむグループ（　　）

フナをふくまないグループ（　　）

(5) 上の図の動物のなかまを，それぞれ何類というか。

フナ（　　）　カエル（　　）　トカゲ（　　）

カモ（　　）　シマウマ（　　）

記述 **2** 次の図のように，ライオンの目は顔の正面についていて，シマウマの目は顔の横についている。これは，それぞれの動物にとって，どのように役立っているか答えなさい。

3点×2〔6点〕

ライオン　　シマウマ

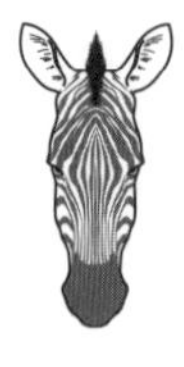

ライオンの目（　　）

シマウマの目（　　）

3 下の図は，背骨のない動物を表したものである。これについて，あとの問いに答えなさい。

3点×9〔27点〕

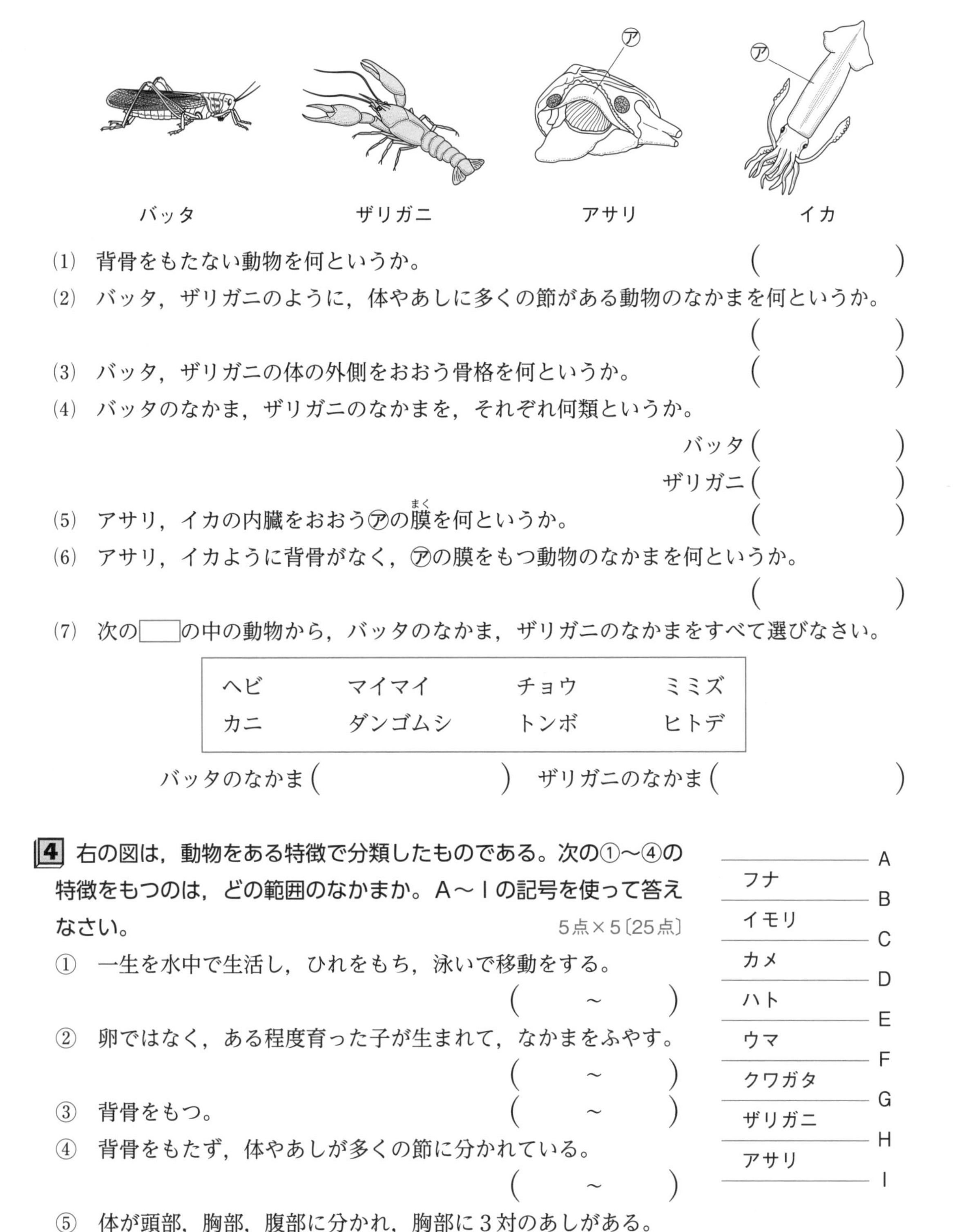

(1) 背骨をもたない動物を何というか。 (　　　　　)

(2) バッタ，ザリガニのように，体やあしに多くの節がある動物のなかまを何というか。

(　　　　　)

(3) バッタ，ザリガニの体の外側をおおう骨格を何というか。 (　　　　　)

(4) バッタのなかま，ザリガニのなかまを，それぞれ何類というか。

バッタ (　　　　　)

ザリガニ (　　　　　)

(5) アサリ，イカの内臓をおおう㋐の膜(まく)を何というか。 (　　　　　)

(6) アサリ，イカように背骨がなく，㋐の膜をもつ動物のなかまを何というか。

(　　　　　)

(7) 次の□の中の動物から，バッタのなかま，ザリガニのなかまをすべて選びなさい。

ヘビ	マイマイ	チョウ	ミミズ
カニ	ダンゴムシ	トンボ	ヒトデ

バッタのなかま (　　　　　)　ザリガニのなかま (　　　　　)

4 右の図は，動物をある特徴で分類したものである。次の①～④の特徴をもつのは，どの範囲のなかまか。A～Iの記号を使って答えなさい。

5点×5〔25点〕

	A
フナ	
	B
イモリ	
	C
カメ	
	D
ハト	
	E
ウマ	
	F
クワガタ	
	G
ザリガニ	
	H
アサリ	
	I

① 一生を水中で生活し，ひれをもち，泳いで移動をする。

(　　～　　)

② 卵ではなく，ある程度育った子が生まれて，なかまをふやす。

(　　～　　)

③ 背骨をもつ。 (　　～　　)

④ 背骨をもたず，体やあしが多くの節に分かれている。

(　　～　　)

⑤ 体が頭部，胸部，腹部に分かれ，胸部に3対のあしがある。

(　　～　　)

地球　活きている地球

1章　身近な大地
2章　ゆれる大地

①プレート
地球表面をおおう十数枚のかたい板状の岩石のかたまり。プレートの上にのっている大陸や島もいっしょに動いている。

②隆起
大きな力がはたらき，大地がもち上がること。

③沈降
大きな力がはたらき，大地が沈むこと。

④しゅう曲
長期間，大きな力を受け，波打つように曲げられた地層。

⑤断層
地下の岩石に大きな力がはたらいてできた大地のずれ。

⑥露頭
崖などの地層が地表に現れているところ。

⑦震源
最初に地下の岩石が破壊された場所。

⑧震央
震源の真上にある地表の位置。

テストに出る！　ココが要点　解答 p.4

① 身近な大地

教 p.66〜p.74

1 身近な大地の変化

(1) 変化し続ける大地

- 地球は半径約6400kmの球形で，内部は高温の物質でできているが，表面は冷えて(①　　　　)とよばれる板状の岩石のかたまりでできている。
- 地球表面は十数枚のプレートでおおわれていて，プレートは，内部の溶けた高温の物質の上を動いている。

(2) 大地の変化

- (②　　　　)…大地がもち上がること。
- (③　　　　)…大地が沈むこと。
- (④　　　　)…長期間，大きな力を受け，地層が波打つように曲げられたもの。
- (⑤　　　　)…大地が割れてできたずれ。
- (⑥　　　　)…地層や岩石が地表に現れているところで，地層や溶岩などが見られる。
- 地層は，れき，砂，泥や火山灰，化石などをふくむことがある。れき，砂，泥は，粒の大きさで分けられる。

  れき(2mm以上)，砂(2mm〜$\frac{1}{16}$mm)，泥($\frac{1}{16}$mm以下)。

② ゆれる大地

教 p.75〜p.85

1 ゆれの発生と伝わり方

(1) 地震の発生　大きな力がはたらいて地下の岩石が一気に破壊され，ずれて断層ができるときに地震は起こる。

- (⑦　　　　)…最初に地下の岩石が破壊された場所。
- (⑧　　　　)…地震の真上にある地表の位置。

図1　●岩石にはたらく力と断層●

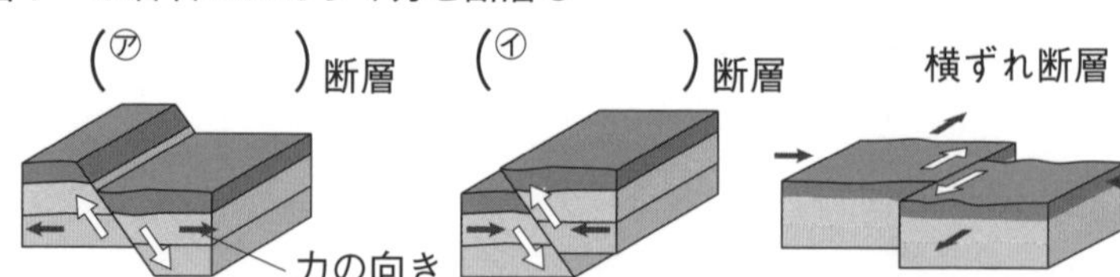

ココが要点の答えになります。

(2) 地震のゆれの特徴

- (⑨　　　　)…はじめの小さなゆれ。伝わる速さが速い波であるP波によるゆれ。
- (⑩　　　　)…初期微動に続く大きなゆれ。伝わる速さが遅い波であるS波によるゆれ。
- (⑪　　　　)…初期微動はじまってから主要動がはじまるまでの時間。震源距離が長いほど，時間は長くなる。

図2 ●震源と震央●

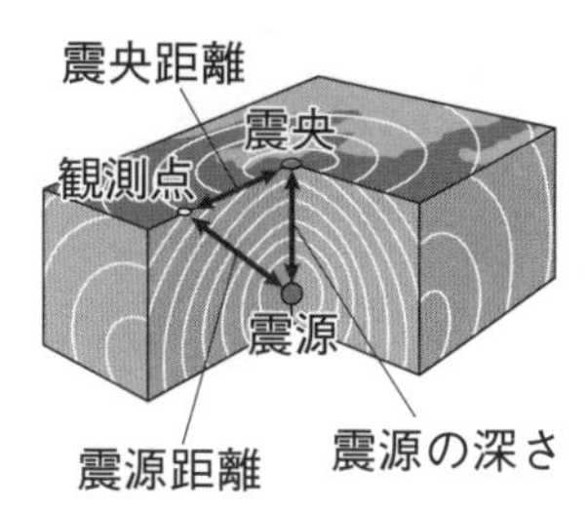

●P波・S波が届くまでの時間●

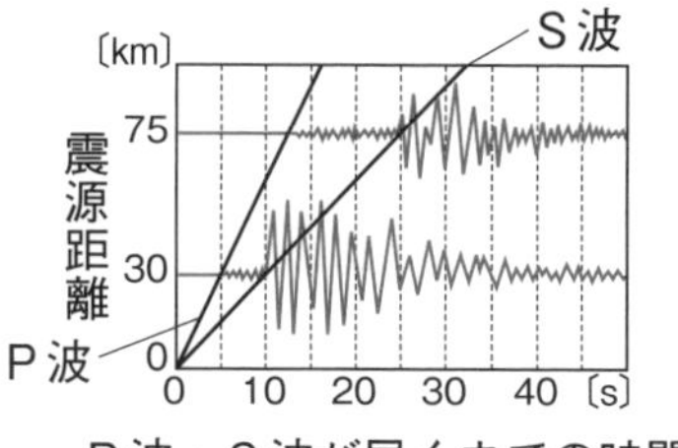

2 ゆれの大きさ

(1) ゆれの大きさ　ある地点での地震によるゆれの大きさは，(⑫　　　　)で表される。震度は，0〜7(5と6はそれぞれ強弱の2階級)の10階級に分けられていて，ふつう，震央に近いほど，震度は大きくなる。

(2) 地震の規模　地震の規模の大きさは，(⑬　　　　)(記号M)で表す。マグニチュードが大きい地震ほどゆれが感じられる範囲が広く，同じ地点でのゆれは強い。マグニチュードが1ふえると，地震のエネルギーは約32倍になる。

3 日本列島の地震

(1) 海溝型地震　海洋プレートが大陸プレートの下に沈みこんで，そのまわりにひずみがたまり，やがて岩石が破壊されて起こる。

図3

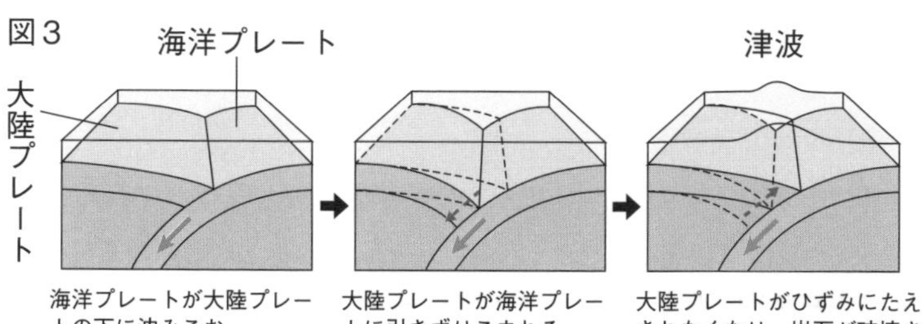

(2) 内陸型地震　海洋プレートの動きで大陸プレートが押されてひずみ，やがて破壊されて断層ができたり，すでにできていた活断層が再びずれたりして起こる。

満点ミッション

⑨初期微動
はじめの小さなゆれ。

⑩主要動
初期微動に続いてはじまる大きなゆれ。

⑪初期微動継続時間
P波とS波の届いた時刻の差。なお，震源ではP波，S波は同時に発生する。

ポイント
地震が発生して，地下の岩石が破壊されて断層ができた範囲を震源域という。

⑫震度
ある地点でのゆれの大きさ。

⑬マグニチュード
地震の規模を表す値。

ミス注意！
震度は1つの地震でも場所によって異なるが，マグニチュードは1つの地震で1つの値しかない。

ポイント
海溝型地震による海底の変形にともなって，津波が発生することがある。

テストに出る！

予想問題　1章　身近な大地　2章　ゆれる大地

30分　/100点

1 下の図１は，ある地震のゆれをX，Yの２地点の地震計で記録したもので，図２は，最初に地下の岩石に破壊された場所とその真上の位置を表したものである。これについて，あとの問いに答えなさい。　4点×9〔36点〕

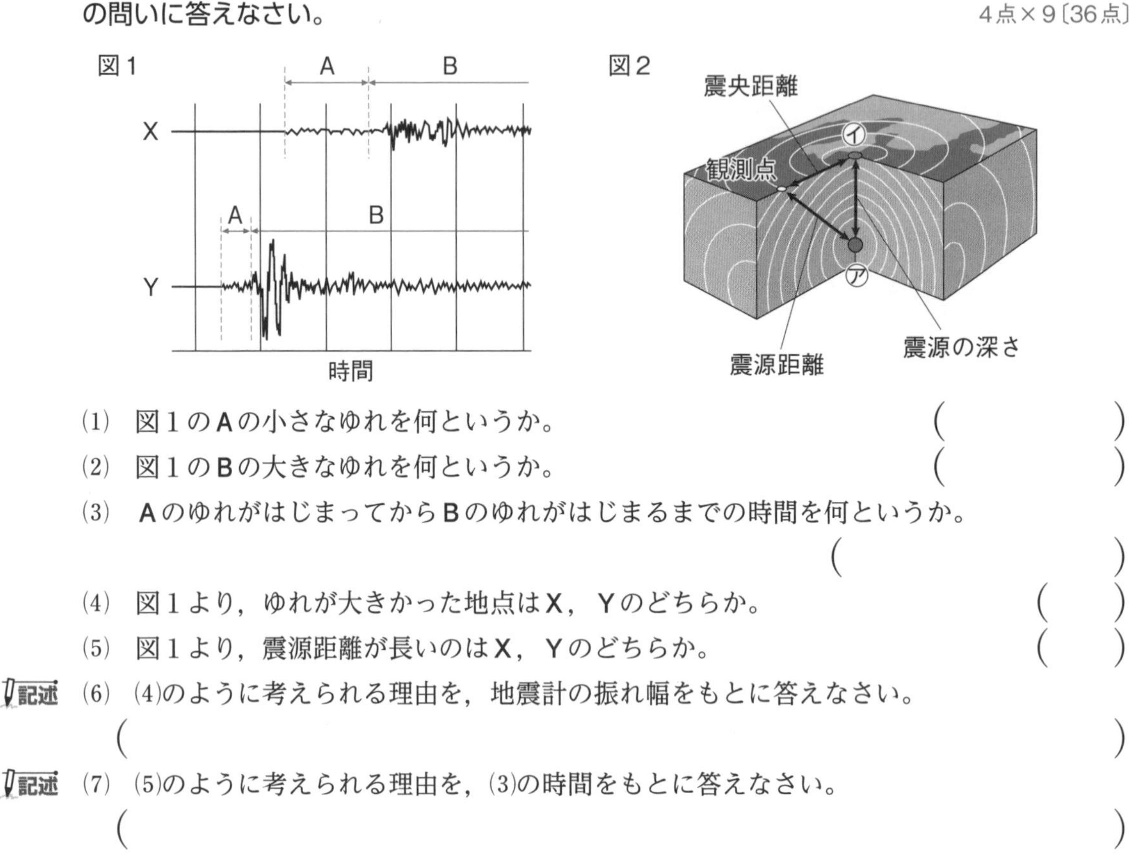

(1)　図１のAの小さなゆれを何というか。　(　　　　)

(2)　図１のBの大きなゆれを何というか。　(　　　　)

(3)　Aのゆれがはじまってから Bのゆれがはじまるまでの時間を何というか。
(　　　　)

(4)　図１より，ゆれが大きかった地点はX，Yのどちらか。　(　　)

(5)　図１より，震源距離が長いのはX，Yのどちらか。　(　　)

記述 (6)　(4)のように考えられる理由を，地震計の振れ幅をもとに答えなさい。
(　　　　　　　　　　　　　　　　)

記述 (7)　(5)のように考えられる理由を，(3)の時間をもとに答えなさい。
(　　　　　　　　　　　　　　　　)

(8)　図２で，最初に地下の岩石が破壊された場所㋐と，その真上の位置㋑をそれぞれ何というか。　㋐(　　　　)　㋑(　　　　)

2 右の図は，ある地震における各地のゆれの強さの分布を表したものである。これについて，次の問いに答えなさい。　5点×4〔20点〕

(1)　図に示されている，地震のゆれの大きさを表す階級を何というか。(　　　　)

(2)　(1)は，現在，何階級に分けられているか。
(　　　　)

(3)　震源距離が同じ地点では，(1)の大きさは等しくなるか，異なることがあるか。
(　　　　　　　　)

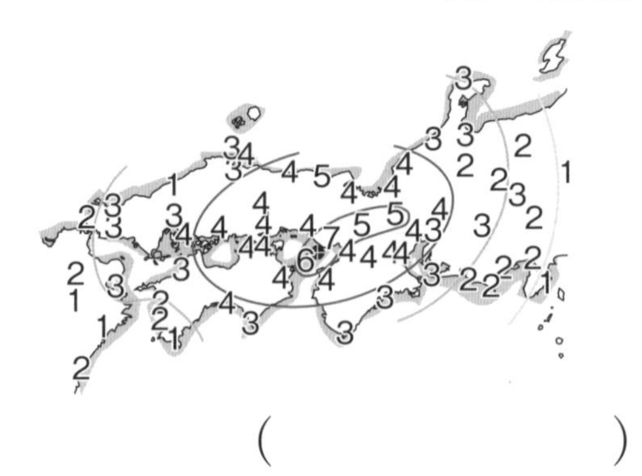

(4)　地震の規模の大小は何で表されるか。　(　　　　)

3 下の図は，ある地震のゆれを，震源から125km離れたA地点で記録したものである。これについて，あとの問いに答えなさい。

4点×5〔20点〕

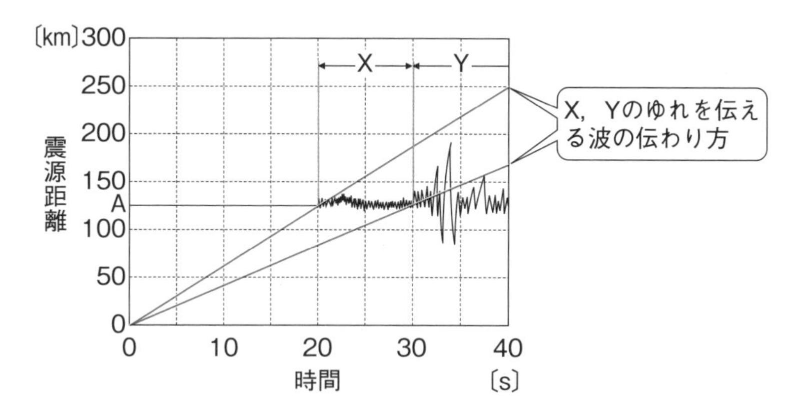

(1) 図のXのゆれと，Yのゆれは，それぞれ何という波によるゆれか。

X（　　　　　）
Y（　　　　　）

(2) Xのゆれ，Yのゆれを伝える波の速さ(km/s)を，それぞれ四捨五入して小数第1位まで求めなさい。

X（　　　　　）
Y（　　　　　）

(3) A地点で，小さなゆれがはじまってから，大きなゆれがはじまるまでの時間は何秒か。

（　　　　　）

4 右の図は，日本付近で地震が起こる場所を模式的に表したものである。これについて，次の問いに答えなさい。

4点×6〔24点〕

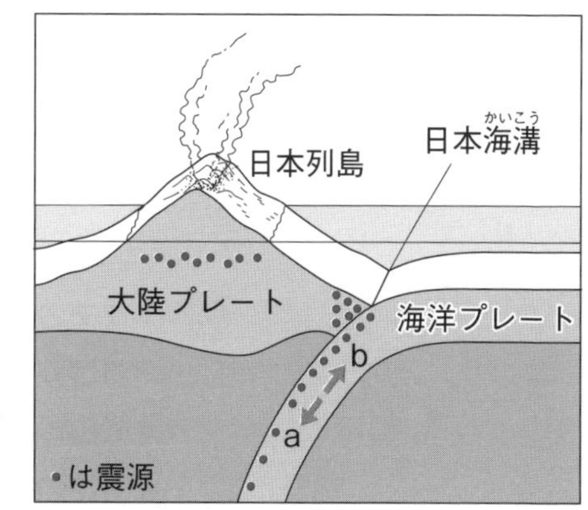

(1) プレートの動く向きを正しく表しているのは，図のa，bのどちらか。（　　）

(2) 日本付近での震源の分布について，次のア～ウから正しいものを選びなさい。（　　）

ア　太平洋側で深く，大陸側にいくほど浅い。
イ　太平洋側で浅く，大陸側にいくほど深い。
ウ　どこでも同じ程度の深さである。

(3) 地下の岩石が破壊されて生じた大地のずれを何というか。（　　　　　）

(4) 地震が起こる原因について，次の文の(　)にあてはまる言葉を答えなさい。

日本海溝付近で起きる海溝型地震は(①)プレートが(②)プレートに引きずりこまれ，ゆがみにたえきれなくなると岩石が破壊されて起こる。このとき，海底が変形することによって(③)が発生することがある。

①（　　　　　）　②（　　　　　）　③（　　　　　）

3章 火をふく大地

①マグマ
地下の深いところで岩石が高温でとけたもの。

②鉱物
マグマが冷えて結晶になったもの。

③火山噴出物
噴火によりふき出されたもの。

④溶岩
マグマが地表に出てきた高温の液体状のもの，また，それが冷えて固まったもの。

⑤火山弾
ふき飛ばされたマグマが空中で冷えて固まったもの。

⑥火山ガス
ほとんどが水蒸気で，二酸化炭素，硫化水素などをふくむ。

テストに出る！ ココが要点 解答 p.6

① 火山の噴火，マグマの性質と火山のようす 教 p.86～p.95

1 火山の噴火

図1

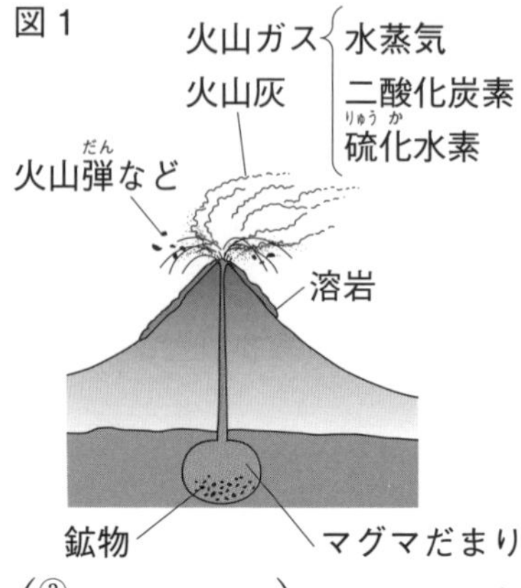

(1) 火山の噴火　地下深いところでとけた(①　　　　)は上昇して，マグマだまりでたくわえられる。冷えて結晶になったものを(②　　　　)という。

マグマに泡ができると軽くなり，地面の割れ目などを通って地表に達し，噴火が起こる。このとき，火口から噴出するものを(③　　　　)という。現在活動している火山や，過去約1万年以内に噴火した火山は，活火山という。

(2) 火山噴出物　火山によって，火山噴出物のようすはちがう。

- (④　　　　)…マグマが火口から流れ出たもの。
- 火山灰……直径2mm以下の火山噴出物。
- 火山れき…直径2mm以上の火山噴出物。
- (⑤　　　　)…ふき飛ばされたマグマが空中で冷えて固まったもの。
- 軽石…白っぽく，小さな穴がたくさんあいていて軽い石。
- (⑥　　　　)…水蒸気や二酸化炭素，硫化水素などをふくむ気体。

2 マグマの性質と火山

(1) ねばりけが小さい(流れやすい)マグマをふき出す火山

- 火山の形…傾斜がゆるやかな形。
- 溶岩の色…黒っぽい。
- 噴火のようす…比較的おだやか。溶岩は，地表をうすく広がって流れる。

(2) ねばりけが大きい(流れにくい)マグマをふき出す火山

- 火山の形…傾斜が急で，溶岩が盛り上がったドーム状の形。
- 溶岩の色…白っぽい。
- 噴火のようす…激しく，爆発的。溶岩は広がりにくい。

ココが要点の答えになります。

図２

火山の形	ドーム状の形	円すいの形	傾斜がゆるやかな形
火山の例	平成新山 昭和新山	桜島 三原山	マウナロア
マグマのねばりけ	(㋐　　) (流れにくい)	←→	(㋑　　) (流れやすい)
噴火のようす	激しい	←→	おだやか
溶岩の色	白っぽい	←→	黒っぽい

⑦火山岩（かざんがん）
マグマが急に冷え固まってできた火成岩。

⑧深成岩（しんせいがん）
マグマがゆっくり冷え固まった火成岩。

⑨斑状組織（はんじょうそしき）
火山岩に見られるつくり。斑晶と石基からなる。

⑩等粒状組織（とうりゅうじょうそしき）
深成岩に見られるつくり。石基の部分がなく，肉眼で見分けられるくらいの大きさの鉱物でできている。

② マグマからできた岩石，日本列島の火山

教 p.96～p.100

1 マグマからできた岩石

(1)　火成岩　マグマが冷え固まってできた岩石。

- (⑦　　　　)
　…マグマが地表や地表近くで急に冷やされてできた岩石。
- (⑧　　　　)
　…マグマが地下深くでゆっくり冷やされてできた岩石。

図３
●斑状組織●
(㋒　　　) 
(㋓　　　)
●(㋔　　　)●

(2)　火成岩のつくり

- 火山岩…比較的大きな鉱物である斑晶（はんしょう）と，斑晶をとり囲んでいる，粒の識別ができない石基（せっき）からなる(⑨　　　　)というつくりをもつ。
- 深成岩…肉眼でも見分けられるほどの大きさの鉱物が組み合わさった，(⑩　　　　)というつくりをもつ。

図４

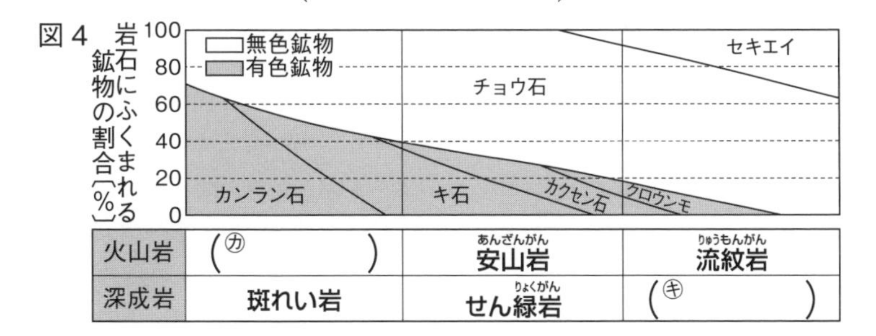

火山岩	(㋕　　　)	安山岩（あんざんがん）	流紋岩（りゅうもんがん）
深成岩	斑れい岩	せん緑岩（りょくがん）	(㋖　　　)

2 日本列島の火山

(1)　日本列島の火山　海洋プレートが大陸プレートの下に沈みこむところにできるマグマは，やがて噴出して火山となるため，海溝やトラフにほぼ平行に火山が分布している。

テストに出る！

予想問題　3章　火をふく大地

30分　/100点

1 右の図は，火山のようすを模式的に表したものである。これについて，次の問いに答えなさい。　4点×5〔20点〕

⑴ Aは，高温で岩石がどろどろにとけた物質である。これを何というか。（　　　）

⑵ Bは，噴火によってAが流れ出たものである。これを何というか。（　　　）

⑶ 火山噴出物ではないものを，次のア～エから選びなさい。（　　）

ア　火山弾　　イ　軽石　　ウ　プレート　　エ　火山灰

⑷ 噴出する火山ガスにふくまれる気体を，水蒸気のほかに２つ答えなさい。
（　　　）（　　　）

2 下の図は，形の異なる３つの火山を表したものである。これについて，あとの問いに答えなさい。　3点×8〔24点〕

A　円すいの形　　B　傾斜がゆるやかな形　　C　ドーム状の形

記述 ⑴ マグマのねばりけが大きいものから順に，A～Cを並べなさい。また，そのように並べた理由を書きなさい。　ねばりけが大きい順（　→　→　）
理由（　　　）

⑵ 火山の噴火のようすが激しいものから順に，A～Cを並べなさい。
（　→　→　）

⑶ 火山噴出物の色が黒っぽいものから順に，A～Cを並べなさい。
（　→　→　）

⑷ A～Cにあてはまる火山はどれか。それぞれ次のア～オからすべて選びなさい。
A（　　）
B（　　）
C（　　）

ア　桜島　　イ　マウナロア　　ウ　三原山　　エ　平成新山　　オ　昭和新山

記述 ⑸ 日本列島の火山の分布は，海溝やトラフに対してどのように分布しているか。
（　　　）

よく出る **3** 下の図1，2は，火成岩を観察したものである。これについて，あとの問いに答えなさい。

4点×10〔40点〕

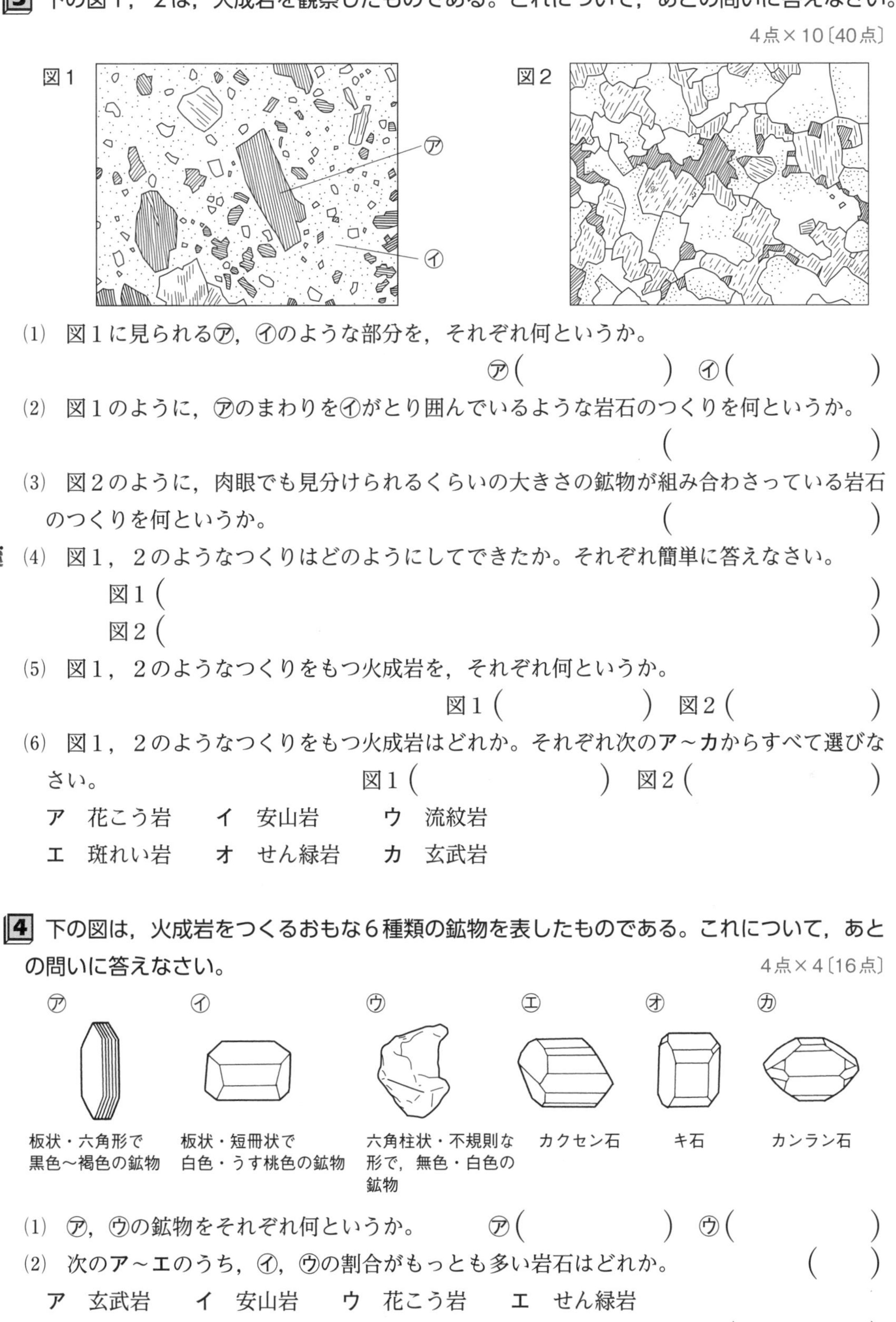

(1) 図1に見られる㋐，㋑のような部分を，それぞれ何というか。

㋐(　　　　　)　㋑(　　　　　)

(2) 図1のように，㋐のまわりを㋑がとり囲んでいるような岩石のつくりを何というか。

(　　　　　)

(3) 図2のように，肉眼でも見分けられるくらいの大きさの鉱物が組み合わさっている岩石のつくりを何というか。

(　　　　　)

記述 (4) 図1，2のようなつくりはどのようにしてできたか。それぞれ簡単に答えなさい。

図1(　　　　　　　　　　　　　　　　)

図2(　　　　　　　　　　　　　　　　)

(5) 図1，2のようなつくりをもつ火成岩を，それぞれ何というか。

図1(　　　　　)　図2(　　　　　)

(6) 図1，2のようなつくりをもつ火成岩はどれか。それぞれ次の**ア**〜**カ**からすべて選びなさい。　図1(　　　　　)　図2(　　　　　)

ア　花こう岩　　**イ**　安山岩　　**ウ**　流紋岩

エ　斑れい岩　　**オ**　せん緑岩　　**カ**　玄武岩

4 下の図は，火成岩をつくるおもな6種類の鉱物を表したものである。これについて，あとの問いに答えなさい。

4点×4〔16点〕

(1) ㋐，㋒の鉱物をそれぞれ何というか。　㋐(　　　　　)　㋒(　　　　　)

(2) 次の**ア**〜**エ**のうち，㋑，㋒の割合がもっとも多い岩石はどれか。　(　　)

ア　玄武岩　　**イ**　安山岩　　**ウ**　花こう岩　　**エ**　せん緑岩

(3) (2)で選んだ岩石の色は，白っぽいか，黒っぽいか。　(　　　　)

4章 語る大地

①風化
岩石が太陽の熱や水のはたらきで，長い間に表面からぼろぼろになり，くずれて土砂に変わること。

②侵食
風化によってできた土砂が，水のはたらきでけずりとられること。

③運搬
水が土砂を運ぶはたらき。

④堆積
流れがゆるやかなところで土砂が積もっていくこと。

ポイント
岩石や堆積物のようすを柱状に表したものを柱状図という。

⑤堆積岩
堆積した土砂などが押し固められてできた岩石。

テストに出る！ ココが要点 解答 p.7

① 地層のでき方と岩石

教 p.101～p.106

1 地層のでき方

(1) (①) 岩石が，太陽の熱や水のはたらきによりくずれて，れき，砂，泥などに変わっていくこと。

(2) 水のはたらき
- (②)…風化でできた土砂を水がけずるはたらき。
- (③)…けずりとった土砂を下流へ運ぶはたらき。
- (④)…運ばれてきた土砂が，流れがゆるやかなところで積もること。

(3) 地層のでき方 河口まで運ばれた土砂は粒の大きいものほど速く沈み，小さい粒ほど遠くまで運ばれ，海底に堆積する。土砂がくり返し運ばれて堆積すると重なった地層ができる。地層は，ふつう，下の層ほど古い。

図1
侵食
堆積
運搬
新しい層
古い層
れきと砂　細かい砂　泥

2 地層の岩石

(1) (⑤) 土砂などが押し固められてできた岩石。生物の遺骸などが化石としてふくまれていることもある。

図2 ●堆積岩の特徴●

堆積岩	堆積するおもなもの		特徴など
れき岩	岩石，鉱物の破片	れき	岩石をつくる粒は，火成岩とちがい，流水で運ばれる過程で，角がけずられて丸みを帯びる。
砂岩		砂	
泥岩		泥	
石灰岩	生物の遺骸や水にとけていた成分が堆積したもの		うすい塩酸をかけると，二酸化炭素が発生する。
チャート			非常にかたい。うすい塩酸をかけても，二酸化炭素は発生しない。
凝灰岩	火山噴出物		火山灰などが堆積し，固まった。

ココが要点の答えになります。

② 地層や化石からわかること，恵みと災害 教 p.107～p.119

1 地層・化石と大地の歴史

(1) 化石　生物の遺骸や生活した跡などが地層に残ったもの。化石から大地の歴史を推測することができる。

● (⑥　　　　　)…地層ができた当時の環境を推定することができる化石。

例 サンゴ(あたたかい浅い海)
ブナ(やや寒い気候の土地)

● (⑦　　　　　)…地層ができた時代が推定できる化石。

例(古生代)フズリナ，サンヨウチュウ
(中生代)アンモナイト，恐竜
(新生代)ビカリア，マンモス

図３　サンヨウチュウ　(㋐　　　　　)　ビカリア

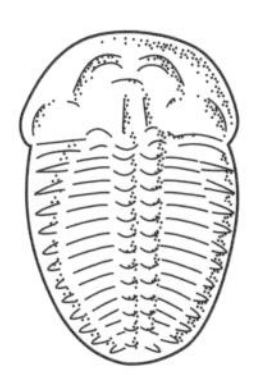

(2) (⑧　　　　　) 示準化石などをもとにして，地球の歴史を古生代，中生代，新生代などのいくつかの時代に区分したもの。

(3) 離れた場所の地層の対比と広がり　離れた地層を比較するときに手がかりになる地層を(⑨　　　　　)という。火山灰の層が鍵層として用いられる。

2 大地の恵みと災害

(1) 大地の恵みと災害　地震や火山の噴火によって被害を受けることがあるが，恵みとなる場合もある。

(2) 大地の恵み

● (⑩　　　　　)…海底が隆起してできた階段状の地形。

● (⑪　　　　　)…温泉や，発電に利用されている。

(3) 火山や地震による災害　火山，地震によってさまざまな災害が起こるが，被害を最小限にするために研究やとり組みが行われている。地震や火山の活動前から活用できる情報としては，ハザードマップ，活断層の分布図などがある。さらに，地震が発生したときは，緊急地震速報によって，地震波の到達時刻や震度が予測され，各地に知らされる。

⑥示相化石
地層ができた当時の環境を知る手がかりとなる化石。

⑦示準化石
地層ができた時代を知る手がかりとなる，限られた時代だけに生きていた生物の化石。

⑧地質年代
示準化石をもとに地球の歴史を区分したもの。新しいものから順に，新生代，中生代，古生代などがある。

⑨鍵層
火山灰の層のように，離れた地層を比べる手がかりとなる層。

⑩海岸段丘
地震で隆起してできた階段状の地形。平地の段丘面は，生活の場として利用することができる。

⑪地下の熱
マグマによってあたためられた水や水蒸気を温泉や発電に利用している。

テストに出る！

予想問題　4章　語る大地－①

30分　/100点

よく出る **1** 下の図は，地層のでき方を模式的に表したものである。これについて，あとの問いに答えなさい。　4点×7〔28点〕

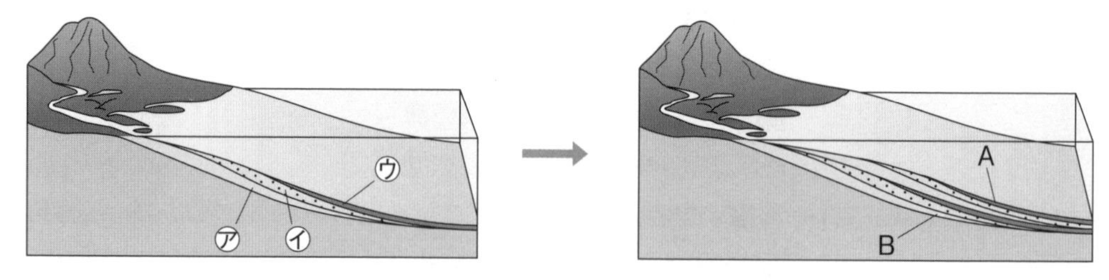

(1) 図に示された海底の堆積物は，aの地表の岩石が太陽の熱や水のはたらきで土砂に変化し，雨水や流水のはたらきでbけずられ，c運ばれ，d積もったものである。

① 下線部aのようなはたらきを何というか。（　　　）

② 下線部b～dのような流水のはたらきをそれぞれ何というか。

b（　　　）　c（　　　）　d（　　　）

(2) 図の㋐～㋒の堆積物の粒の大きさの関係として正しいものを，次のア～カから選びなさい。（　　）

ア　㋒>㋐>㋑　　イ　㋐>㋒>㋑　　ウ　㋑>㋐>㋒

エ　㋑>㋒>㋐　　オ　㋐>㋑>㋒　　カ　㋒>㋑>㋐

(3) 河口から遠くまで運ばれるのは，大きな粒，細かい粒のどちらか。（　　　）

(4) 図のA，Bの堆積物は，どちらが先に積もったと考えられるか。（　　）

2 右の図は，ある地域の㋐～㋒の３つの地点の地層を調べたものである。これについて，次の問いに答えなさい。　4点×6〔24点〕

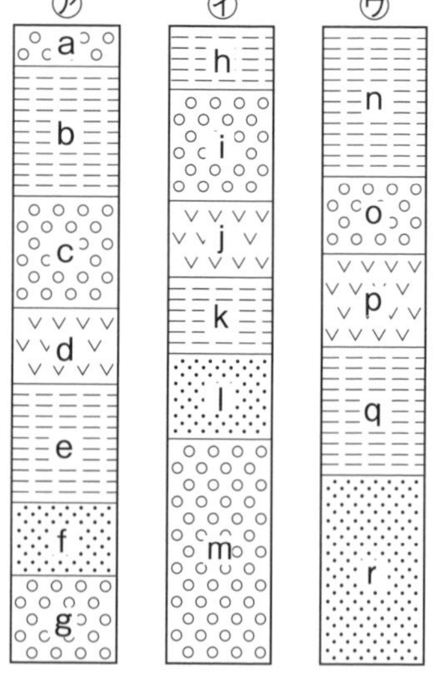

(1) 図のように，岩石や堆積物のようすを表したものを何というか。（　　　）

(2) 地層のつながりを調べるとき，比較する手がかりとするのは，㋐のa～gのどの層がよいか。（　　）

記述 (3) (2)でその層を選んだ理由を書きなさい。

（　　　　　　　　　　）

(4) (2)の層を何というか。（　　　）

(5) cの層と同時代に堆積したと考えられる層は，h～rのどの層か。２つ選びなさい。

（　　）（　　）

教科書
p.101～p.129

3 下の図は，地層から採集した岩石を表したものである。これについて，あとの問いに答えなさい。

4点×9〔36点〕

A

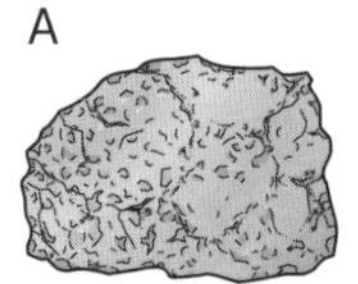

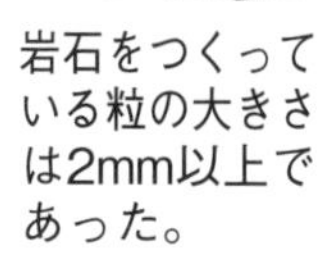

岩石をつくっている粒の大きさは2mm以上であった。

B

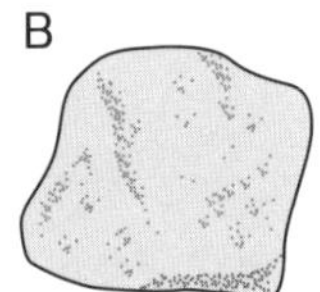

岩石をつくっている粒の大きさは$\frac{1}{16}$～2mmであった。

C

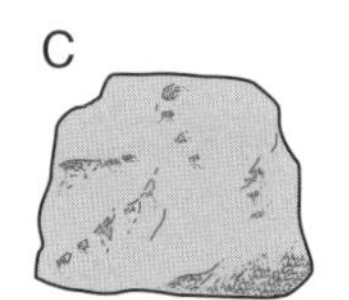

岩石をつくっている粒の大きさは$\frac{1}{16}$ mm以下であった。

D

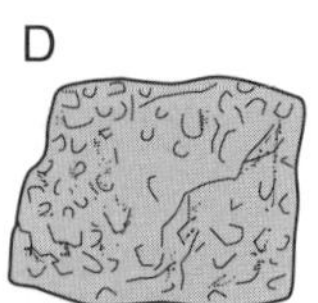

生物の遺骸などからできていて，鉄くぎで傷つけることができた。

E

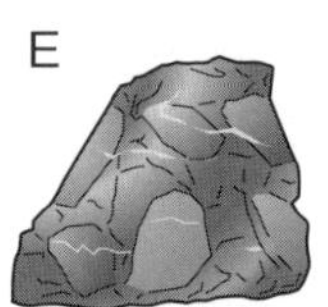

生物の遺骸などからできていて，鉄くぎで傷をつけることができなかった。

F

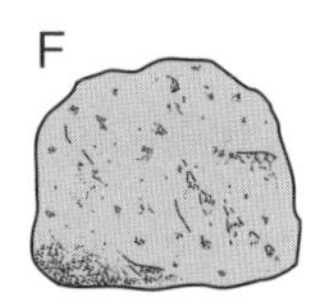

火山灰などが固まってできたもので粒が角ばっていた。

(1) 図の岩石は，どれも堆積したものが固まってできた岩石である。このような岩石を何というか。 (　　　　)

記述 (2) A～Cの岩石は，流水で運ばれて堆積した粒が固まったものである。粒の形にはどのような特徴があるものが多いか。

(　　　　)

(3) A～Cの岩石のうち，もっとも岸から離れたところで堆積したものはどれか。 (　　)

(4) A～Cの岩石のうち，もっとも河口や岸に近いところで堆積したものはどれか。 (　　)

(5) うすい塩酸をかけたとき，気体が発生するのは，D，Eのどちらか。 (　　)

(6) (5)で発生する気体は何か。 (　　　　)

(7) 図のD～Fの岩石を，それぞれ何というか。

D (　　　　)

E (　　　　)

F (　　　　)

4 地層にふくまれる化石について，次の問いに答えなさい。

3点×4〔12点〕

(1) 右の図の化石は，地層ができた当時の環境を推定するときの手がかりとなる化石である。このような化石を何というか。 (　　　　)

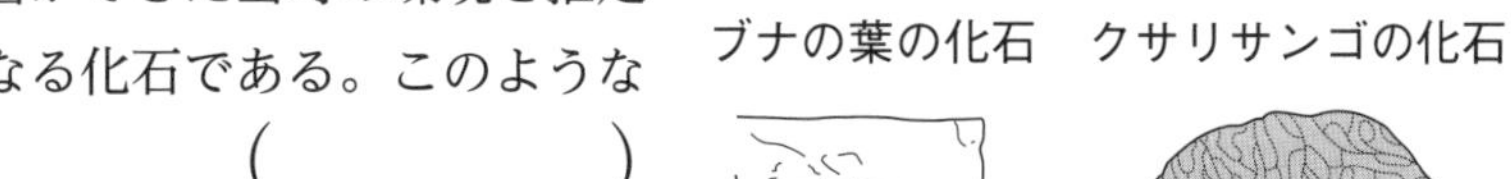

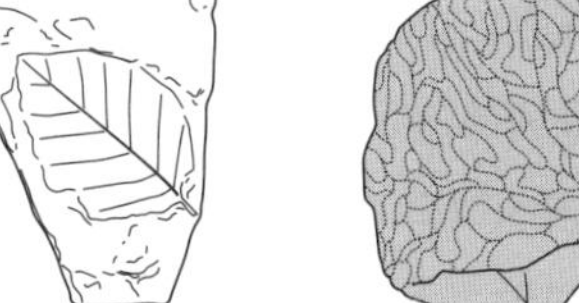

ブナの葉の化石　クサリサンゴの化石

(2) 図の化石に見られる生物は，次のア，イのどちらの特徴をもつか。 (　　)

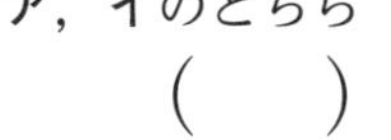

ア　ある限られた環境でのみ生存(せいぞん)していた。

イ　ある限られた時代にのみ生存していた。

(3) 図のブナ，サンゴの化石は，どのような環境で堆積した地層から発見されるか。次のア～エからそれぞれ選びなさい。

ブナ (　　)

サンゴ (　　)

ア　あたたかい気候の土地

イ　やや寒い気候の土地

ウ　あたたかくて浅い海

エ　冷たくて浅い海

テストに出る！
予想問題　4章　語る大地－②

🕒30分　/100点

1 地層にふくまれる化石について，次の問いに答えなさい。　5点×8〔40点〕

A 恐竜　B アケボノゾウ　C

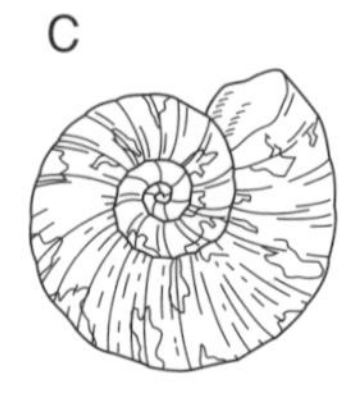

D ビカリア　E フズリナ

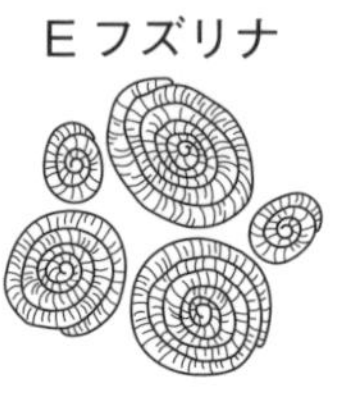

F

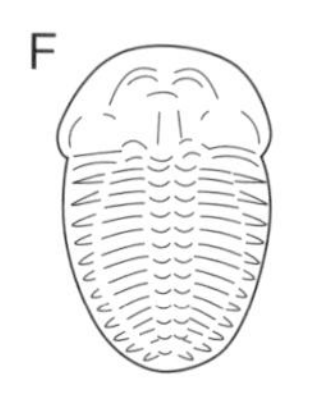

(1) 図の化石は，地層ができた年代を推定するときの手がかりになる化石である。このような化石を何というか。
(　　　　)

(2) (1)の化石などをもとにして，地球の歴史を区分したものを何というか。
(　　　　)

(3) 図のC，Fはそれぞれ何という生物の化石か。
C(　　　　)
F(　　　　)

(4) 図の化石に見られる生物は，次のア，イのどちらの特徴をもつか。(　)
ア　ある限られた環境でのみ生存していた。
イ　ある限られた時代にのみ生存していた。

(5) 図のA～Fの化石は，それぞれいつの時代の地層の手がかりとなる化石か。古生代，中生代，新生代の3つに分けなさい。
古生代(　　　　)
中生代(　　　　)
新生代(　　　　)

2 右の図は，ある露頭を観察したときのようすである。これについて，次の問いに答えなさい。ただし，この地域の地層に逆転は見られない。　5点×3〔15点〕

(1) ㋐～㋗の層のうち，もっとも古い時代に堆積した層はどれだと考えられるか。(　)

(2) ㋒，㋓の層は，どちらも海底で堆積した層であることがわかった。堆積した当時の海の深さが深かったのは，㋒，㋓のどちらの層か。
(　)

(3) ㋐～㋗の層が堆積する間に，少なくとも何回の火山活動があったと考えられるか。
(　　)

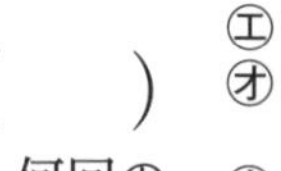

㋐ 地表の土
㋑ 火山灰の層
㋒ 泥岩の層
㋓ 砂の層
㋔ 泥岩の層
㋕ 砂まじり泥岩の層
㋖ 火山灰まじり砂岩の層
㋗ 泥岩の層

3 下の図１は，２つのプレートの動きによる，地震の前後の大地の変化を模式的に表したものである。図２は，太平洋沿岸地域で見られた地形を模式的に表したものである。これについて，あとの問いに答えなさい。 5点×5〔25点〕

図１

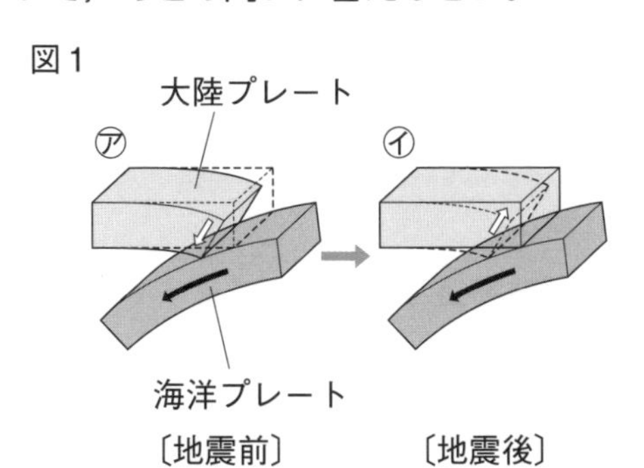

図２

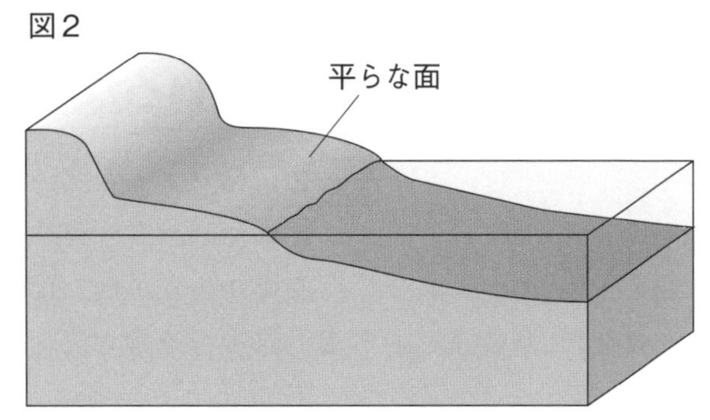

(1) 図１の㋐のように，大陸プレートが海洋プレートに引きずりこまれると，土地が下降していく。このような土地の下降を何というか。漢字２字で書きなさい。
（　　　　）

(2) 図１の㋑のように，大陸プレートが反発すると，地震が発生して，同時に土地が大きく上昇することがある。このような土地の上昇を何というか。漢字２字で書きなさい。
（　　　　）

(3) 図２のような地形が見られるのは，図１の㋐，㋑のどちらが起こった場所か。
（　　）

(4) 図２のような，日本各地の海岸で見られる階段状の地形を何というか。
（　　　　）

(5) 図２のような地形は，急な海面の変化によってもできる。海面が上昇したとき，低下したときのどちらの場合にできるか。
（　　　　　　）

4 地球上の大地形や，大地の恵みと災害に関する次の文について，下線部が正しければ○を，まちがっていれば，正しい内容を書きなさい。 4点×5〔20点〕

① 日本付近には，３つのプレートがあり，海洋プレートが大陸プレートの下に沈みこんでいる。
（　　　　）

② 地震が発生しやすい地域や火山が多く分布する地域は，プレートの境界付近にあることが多い。
（　　　　）

③ ヒマラヤ山脈などの巨大な山脈では，海の生物の化石が見つかることがない。
（　　　　）

④ 地震や火山活動などの災害が発生したときの被害を予測する図をハザードマップといい，被害を最小限にすることを目的としている。
（　　　　）

⑤ 火山の噴火によって，海岸の埋め立て地や河川沿いの砂地などの土地が急に軟弱になることを，液状化という。
（　　　　）

サイエンス資料
1章 いろいろな物質とその性質

①ガス調節ねじ
図1の㋑。ガスの量を調節するねじ。

②空気調節ねじ
図1の㋐。空気の量を調節するねじ。

③物体
使う目的や形で区別したときのもののこと。

④物質
材料で区別したときのもののこと。

⑤有機物
炭素をふくみ，燃えると二酸化炭素が発生する物質。多くの場合，水素もふくむため，燃えると水も発生する。

⑥無機物
有機物以外の物質。

⑦金属
金属共通の性質がある物質。

ポイント
金属には次のような性質がある。
✲電気伝導性
✲熱伝導性
✲金属光沢
✲展性
✲延性

⑧非金属
金属以外の物質。

テストに出る！ **ココが要点** 解答 p.8

① いろいろな物質とその性質 教 p.130～p.153

1 ガスバーナーの使い方

1．最初に，ガス調節ねじ，空気調節ねじが軽くしまっていることを確かめてから，元栓(もとせん)を開く。

2．コックを開けて，ガスライター(マッチ)に火をつけたあと，(①)を少しずつゆるめてガスに火をつける。

3．①をさらに回して，炎の大きさを10cmくらいに調節する。

4．①をおさえて，(②)だけをゆるめて，空気の量を調節して青い炎にする。

5．火を消すときは，逆の手順で消す。

図1 ●火のつけ方・消し方●

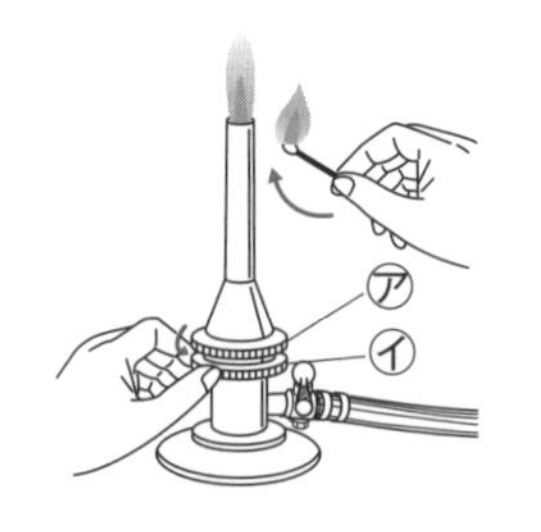

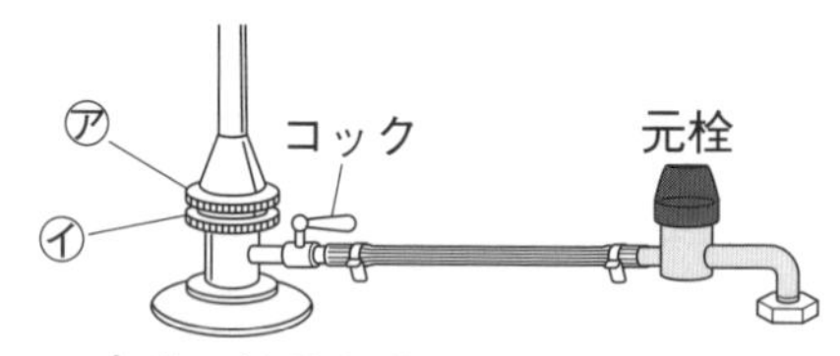

2 物質の区別

(1) 物体(ぶったい)と物質(ぶっしつ)

● (③)…使う目的や形などでものを区別した名称。

● (④)…材料でものを区別したときの名称。

(2) 有機物(ゆうきぶつ)と無機物(むきぶつ)

● (⑤)…炭素をふくみ，加熱すると燃えて二酸化炭素や水が発生する物質。

● (⑥)…有機物以外の物質。

(3) 金属(きんぞく)と非金属(ひきんぞく)

● (⑦)…電気をよく通す(電気伝導性)・熱をよく伝える(熱伝導性)・みがくと特有の光沢(こうたく)が出る(金属光沢)・たたくと広がったり(展性(てんせい))・引きのばしたり(延性(えんせい))できるという共通の性質をもつ物質。

● (⑧)…金属以外の物質。

ココが要点の答えになります。

3 重さ・体積と物質の区別

(1) （⑨　　　　　）…上皿てんびんや電子てんびんではかることができる物質そのものの量。

(2) （⑩　　　　　）…物質 1 cm^3あたりの質量。単位：g/cm^3

$$物質の密度〔g/cm^3〕= \frac{物質の質量〔g〕}{物質の体積〔cm^3〕}$$

g/cm^3はグラム毎(まい)立方(りっぽう)センチメートルと読む。

(3) 質量のはかり方

図2

電子てんびん

電源を入れて，物質をのせて，目盛りを読む。

上皿てんびん

左の皿に，はかりたい質量の分銅と薬包紙をのせる。
右の皿に薬包紙をのせ，指針が左右に等しく振れるまで，はかりたいもの（薬品など）を少しずつのせていく。

(4) 体積のはかり方

（⑪　　　　　　）に水を入れ，目盛りを読む。はかる物質を入れたときの液面のふえた分が，その物質の体積である。メスシリンダーの目盛りは，液面のもっとも低い位置を真横から見て，最小目盛りの$\frac{1}{10}$まで目分量で読む。

図3

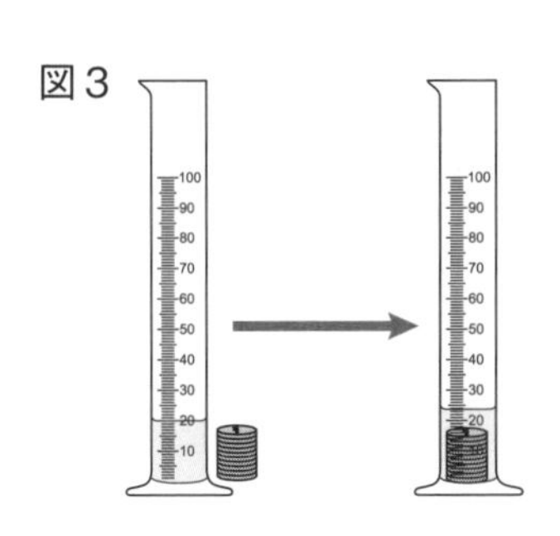

図4 ●目盛りの読み方●

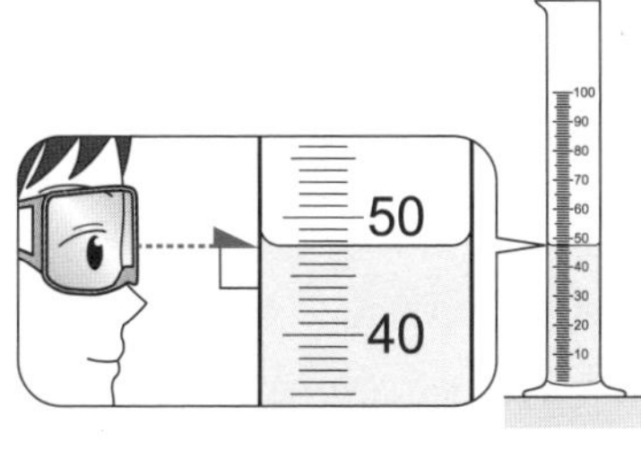

(5) 密度と物質の浮き沈み

物質が液体に浮くか沈むかは，密度によって決まる。その物質の密度が，液体の密度より小さければ浮き，大きければ沈む。
密度のちがいによるものの浮き沈みは，液体と固体の間だけでなく，液体と液体の間や気体と気体の間でも起こる。

満点ミッション

⑨質量(しつりょう)
物質そのものの量。

⑩密度(みつど)
物質 1 cm^3あたりの質量。

ポイント

はかりとりたいものを，上皿てんびんのききうで側の皿にのせる。
左ききの人が上皿てんびんではかりとるときは，図2と左右が逆になってもよい。

⑪メスシリンダー
体積をはかる器具。水面のもっとも低いところの目盛りを読む。

液体に浮くか沈むかを調べることで，物質を区別することができるんだね。

テストに出る!

予想問題　サイエンス資料　1章　いろいろな物質とその性質

30分　/100点

よく出る **1** ガスバーナーの使い方について，次の問いに答えなさい。　5点×4〔20点〕

(1) A，Bのねじを，それぞれ何というか。

A（　　　　）
B（　　　　）

(2) A，Bのねじをゆるめるには，㋐，㋑どちらに回すか。（　　）

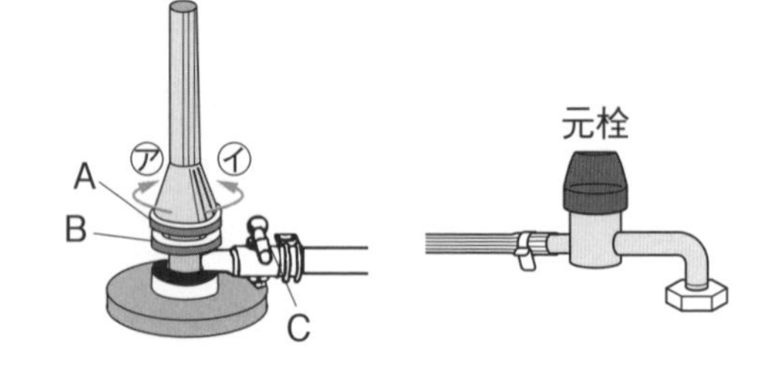

(3) ガスバーナーの火のつけ方の順に，次のア～キを並べなさい。

（　→　→　→　→　→　→　）

ア　ガスライター(マッチ)に火をつける。
イ　Cのコックを開ける。
ウ　A，Bのねじが軽くしまっている状態にしておく。
エ　Bのねじをゆるめて，ガスに火をつける。
オ　Bのねじを調節して，炎の大きさを10cmくらいにする。
カ　元栓を開ける。
キ　Aのねじを調節して青い炎にする。

2 下の図のように，砂糖，食塩，かたくり粉をガスバーナーの炎の中に入れ，火がついたら燃焼さじを石灰水の入った集気びんに入れた。火が消えたらとり出し，集気びんにふたをして振って，石灰水のようすを調べた。これについて，あとの問いに答えなさい。

6点×5〔30点〕

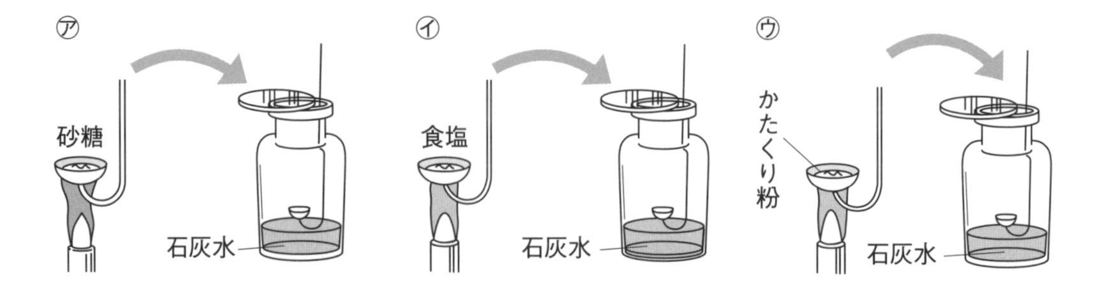

(1) 炎の中に入れても燃えなかったものを，㋐～㋒から選びなさい。（　　）
(2) 石灰水が白くにごったものを，㋐～㋒からすべて選びなさい。（　　）
(3) (2)で，石灰水が白くにごったのは何が発生したからか。（　　）
(4) 燃やすと(3)ができる物質を何というか。（　　）
(5) (4)以外の物質を何というか。（　　）

よく出る **3** 物質の量の表し方について，次の問いに答えなさい。 5点×4〔20点〕

(1) 上皿てんびんや電子てんびんではかることができる物質そのものの量のことを何というか。 (　　　　)

(2) 物質 1 cm^3あたりの(1)の量のことを何というか。 (　　　　)

(3) 10cm^3の鉄・アルミニウム・銅について，(1)の値がもっとも大きいものはどれか。ただし，それぞれの物質の(2)の値は，鉄が7.87g/cm^3，アルミニウムが2.70g/cm^3，銅が8.96g/cm^3であるとする。 (　　　　)

記述 (4) 4 ℃の水の(2)の値は 1 g/cm^3である。4 ℃の水に氷は浮くことから，氷の(2)の値の大きさについて，どのようなことがわかるか。

(　　　　　　　　　　　　　　　　　　　　)

4 1 円硬貨が何という金属でできているかを，密度を手がかりにして調べるために，下の図のように，1 円硬貨10枚の質量や体積をそれぞれはかった。これについて，あとの問いに答えなさい。 6点×5〔30点〕

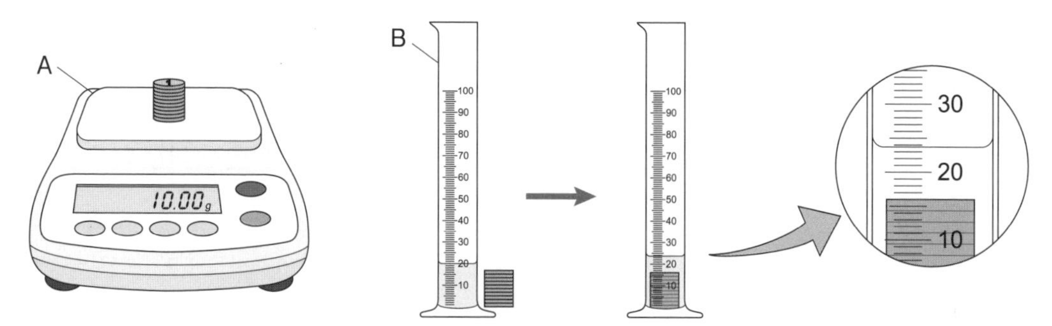

❶ 1 円硬貨10枚の質量を電子てんびんではかる。

❷20.0cm^3の水を入れたメスシリンダーに 1 円硬貨を10枚入れて，ふえた分の体積をはかる。

(1) A，Bの器具をそれぞれ何というか。 A (　　　　) B (　　　　)

(2) 上の図の結果より，1 円硬貨10枚の体積は，何cm^3であるとわかるか。次のア〜エから選びなさい。 (　　)

ア 3.7cm^3　イ 5.1cm^3　ウ 23.7cm^3　エ 25.1cm^3

(3) 上の図の結果より，1 円硬貨の密度を小数第 1 位まで求めなさい。 (　　　　)

(4) (3)より，1 円硬貨は何でできていることがわかるか。右の表の密度と物質の名前を参考にして答えなさい。 (　　　　)

物質	密度
金	19.3
銀	10.5
銅	8.96
鉄	7.87
アルミニウム	2.70

2章 いろいろな気体とその性質

①水上置換法
水にとけにくい気体を集める方法。

②下方置換法
水にとけやすく，空気より密度が大きい(重い)気体を集める方法。

③上方置換法
水にとけやすく，空気より密度が小さい(軽い)気体を集める方法。

④酸素
二酸化マンガンにうすい過酸化水素水を加えると発生する気体。

⑤二酸化炭素
石灰石にうすい塩酸を加えると発生する気体。

テストに出る！ ココが要点 解答 p.9

① 気体の区別

教 p.154～p.164

1 気体の性質の調べ方

- 色を観察する。
- においを調べる。
- 燃える性質があるか。
- ものを燃やす性質があるか。
- リトマス紙の色の変化を調べる。
- 石灰水の変化を調べる。

2 気体の集め方

(1) 水にとけにくい気体 (①　　　　) で集める。

(2) 水にとけやすい気体

- 空気より密度が大きい…(②　　　　) で集める。
- 空気より密度が小さい…(③　　　　) で集める。

図1

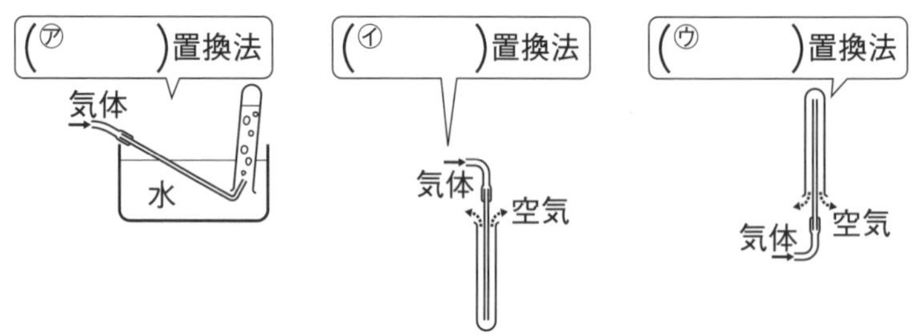

3 いろいろな気体の発生と性質

(1) (④　　　　) 二酸化マンガンにうすい過酸化水素水を加えたり，過炭酸ナトリウムに湯を加えたりすると発生する。

(2) (⑤　　　　) 石灰石にうすい塩酸を加えたり，炭酸水素ナトリウムに酢酸を加えたりすると発生する。

図2

●酸素の発生●

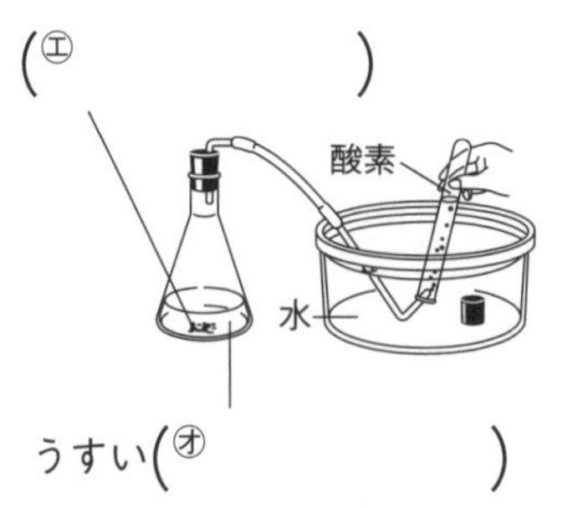

●二酸化炭素の発生●

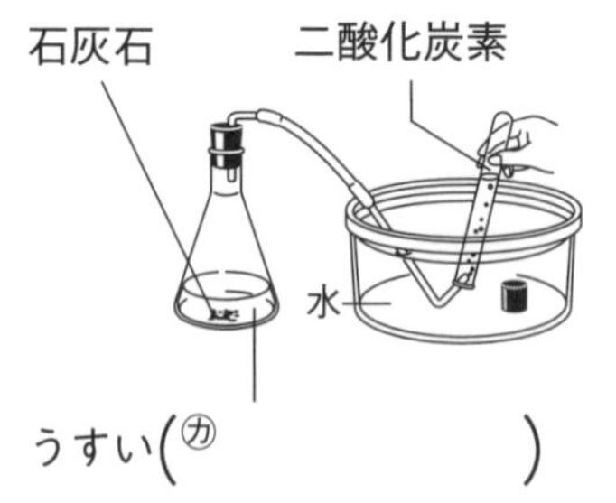

ココが要点の答えになります。

(3) アンモニア　塩化アンモニウムと水酸化カルシウムの混合物を加熱したり，アンモニア水を加熱したりすると発生する。

(4) 水素　亜鉛(あえん)や鉄などの金属にうすい塩酸を加えると発生する。

図3 ●アンモニアの発生●

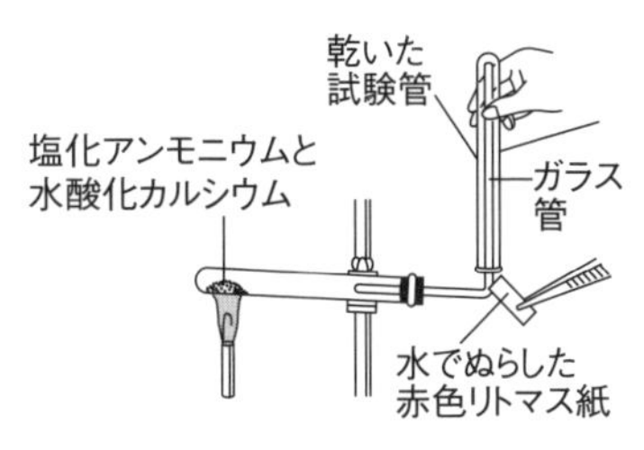

図4

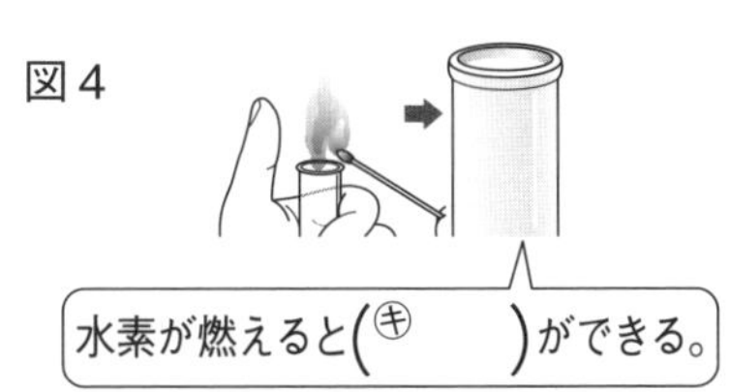

水素が燃えると(㋖　　)ができる。

満点ミッション

ミス注意！
リトマス紙の色
酸性：
青色→赤色
アルカリ性：
赤色→青色

図5 ●いろいろな気体の性質●

	酸素	二酸化炭素	アンモニア	水素	窒素
色 におい	無色 無臭	無色 無臭	無色 刺激臭(しげきしゅう)	無色 無臭	無色 無臭
密度〔g/cm^3〕	0.00133	0.00184	0.00072	0.00008	0.00117
空気と比べた重さ	少し重い	重い	軽い	非常に軽い	少し軽い
水へのとけやすさ	とけにくい	少しとける	非常にとけやすい	とけにくい	とけにくい
気体の集め方	水上置換法	下方置換法(水上置換法)	上方置換法	水上置換法	水上置換法
その他の性質	ものを燃やすはたらきがある。	石灰水を白くにごらせる。水溶液は(㋗　　)性を示す。	水溶液は(㋘　　)性を示す。	空気中で火をつけると，音を立てて燃えて(㋙　　)ができる。	空気中の気体の体積の約78%をしめる。

(※密度は20℃のときの値，空気の密度…0.00121 g/cm^3)

二酸化炭素は少ししか水にとけないから，水上置換法でも集められるんだね。

ポイント
アルカリ性の水溶液は，フェノールフタレイン溶液を赤色に変える。

4 身のまわりのものから発生する気体

(1) 酸素の発生
- 風呂(ふろ)がま洗浄剤に湯を加える。
- ダイコンおろしにオキシドールを加える。

(2) 二酸化炭素の発生
- 発泡入浴剤(はっぽうにゅうよくざい)に湯を加える。
- 卵(たまご)の殻(から)に食酢(しょくず)を加える。

(3) 有毒な気体の発生
- 塩素系漂白剤(次亜塩素酸ナトリウム)と酸性タイプの洗浄剤を混ぜると，有毒な気体(塩素)が発生するので注意する。

解答 p.9

テストに出る!
予想問題 2章　いろいろな気体とその性質

30分　/100点

よく出る **1** 右の図のような装置(そうち)で，酸素と二酸化炭素を発生させ，発生した気体を集めた。これについて，次の問いに答えなさい。　4点×8〔32点〕

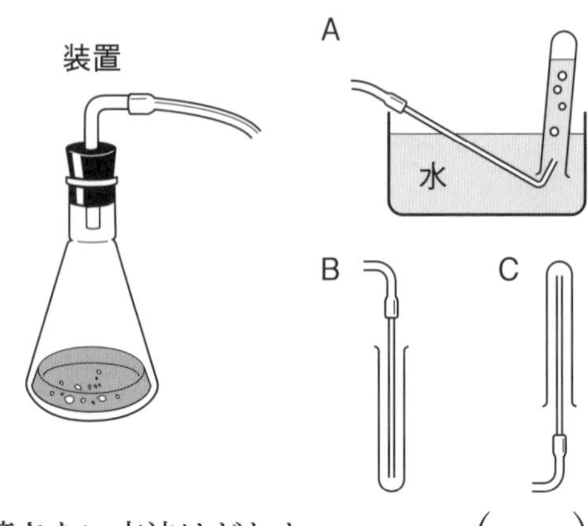

(1)　ある液体㋐と黒い固体㋑を使って酸素を発生させた。㋐，㋑はそれぞれ何か。
㋐(　　　　　　　)
㋑(　　　　　　　)

(2)　発生した酸素は，A〜Cのどの方法で集めるか。(　　)

(3)　ある液体㋒と石灰石を使って二酸化炭素を発生させた。㋒は何か。
(　　　　　　　)

(4)　発生した二酸化炭素を集めるとき，A〜Cで適さない方法はどれか。(　　)

記述 (5)　発生した気体を集めるとき，はじめに出てくる気体を捨(す)てる。その理由を答えなさい。
(　　　　　　　　　　　　　　　　　　　　　　　　　)

(6)　酸素と二酸化炭素の性質を，それぞれ次のア〜クからすべて選びなさい。
酸素(　　　　　)　二酸化炭素(　　　　　)

ア　空気より密度が小さい。　**イ**　空気より密度が大きい。　**ウ**　においがある。
エ　水にとけにくい。　**オ**　水に少しとける。　**カ**　無色である。
キ　石灰水を白くにごらせる。　**ク**　ものを燃やすはたらきがある。

2 右の図の装置で，塩化アンモニウムと水酸化カルシウムの混合物を加熱した。これについて，次の問いに答えなさい。　4点×5〔20点〕

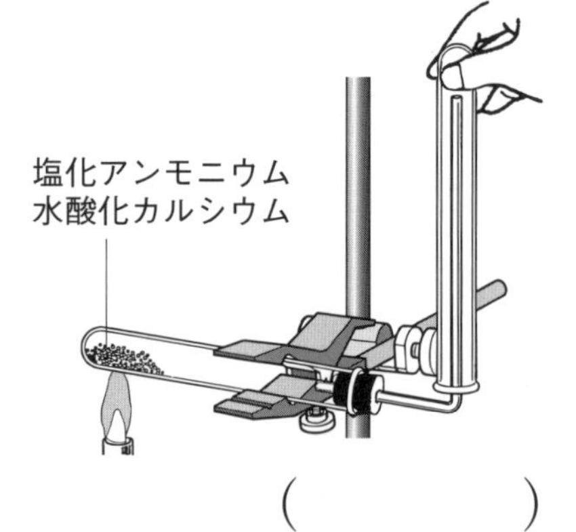

(1)　このとき発生した気体は何か。(　　　　　)

(2)　図のような気体の集め方を何というか。
(　　　　　)

記述 (3)　図のような集め方をするのは，気体にどのような性質があるからか。2つ答えなさい。
(　　　　　　　　　　　　　　　　　　　　)
(　　　　　　　　　　　　　　　　　　　　)

(4)　発生した(1)の気体の性質を，次のア〜オからすべて選びなさい。(　　　　　)

ア　気体がとけた水溶液にフェノールフタレイン溶液を加えると，赤色に変化する。
イ　気体がとけた水溶液は，酸性を示す。　**ウ**　色のついた気体である。
エ　特有の刺激臭があり，有毒である。　**オ**　肥料の原料として使われる。

よく出る **3** 右の図のような装置で，亜鉛にうすい塩酸を加えて気体を発生させ，その性質を調べる実験を行った。これについて，次の問いに答えなさい。

3点×5〔15点〕

(1) 図のような気体の集め方を何というか。
( )

記述 (2) 図のような集め方をするのは，気体にどのような性質があるからか。
( )

水

(3) 発生した気体を集めた試験管の口に火を近づけると，どのようになるか。次のア〜エから選びなさい。 ( )

ア 火が消える。 イ 気体が燃えて，二酸化炭素ができる。
ウ 気体が燃えて，酸素ができる。 エ 気体が燃えて，水ができる。

(4) 発生した気体は何か。 ( )

(5) (4)の気体を発生させるために，亜鉛のかわりに使える物質は何か。次のア〜エから選びなさい。 ( )

ア 二酸化マンガン イ 鉄 ウ 石灰石 エ 過炭酸ナトリウム

4 次のA〜Fは，いろいろな気体について説明したものである。これについて，あとの問いに答えなさい。 3点×11〔33点〕

A：無色，無臭。物質の中で密度がいちばん小さい。
B：黄緑色，刺激臭。水にとけやすく，水溶液は酸性。殺菌作用，漂白作用がある。
C：無色，無臭。水にとけにくい。空気中にふくまれる体積の割合がもっとも多い。
D：無色，刺激臭。水にとけやすく，水溶液は塩酸とよばれ，酸性である。
E：無色，無臭。固体はドライアイス，水溶液は炭酸水とよばれる。
F：無色，無臭。ものを燃やすはたらきがある。

(1) A〜Fの気体名を，それぞれ下の〔 〕から選びなさい。
A( ) B( ) C( )
D( ) E( ) F( )
〔 塩化水素 塩素 酸素 水素 窒素 二酸化炭素 〕

(2) 次の方法で発生する気体は，A〜Fのどれか。
① 過炭酸ナトリウムに約60℃の湯を加える。 ( )
② 卵の殻に食酢を加える。 ( )
③ ダイコンおろしにオキシドールを加える。 ( )
④ 炭酸水素ナトリウムにうすい酢酸(さくさん)を加える。 ( )

(3) 塩素系漂白剤(次亜塩素酸ナトリウム)と酸性タイプの洗浄剤(塩酸)を誤って混ぜてしまうと危険な気体が発生する。この気体は，A〜Fのどれか。 ( )

3章 水溶液の性質

①溶質
液体にとけている物質。

②溶媒
溶質をとかしている水などの液体。

③水溶液
溶媒が水の溶液。

ミス注意！
デンプンを水に混ぜると，液体は白くにごり，デンプンは下に沈む。このような不透明な液は，水溶液ではない。

④透明
すき通っていて向こう側が見える状態。色がない透明を無色透明，色がある透明を有色透明という。

テストに出る！ **ココが要点** 解答 p.10

① 水溶液の性質

教 p.165～p.170

1 水溶液（すいようえき）

(1) 溶質（ようしつ）と溶媒（ようばい）

● (①　　　　　)…水にとけている物質。 例塩化ナトリウム

● (②　　　　　)…溶質をとかしている液体。 例水

(2) 溶液（ようえき） 溶質が溶媒にとけた液。溶媒が水である溶液をとくに(③　　　　　)という。

(3) 水溶液の性質

●透明（とうめい）である。色がついているかいないかに関係なく，すき通っていて向こう側が見える状態を「透明」という。
色のついた水溶液の例…硫酸銅（りゅうさんどう）水溶液(青色)

●濃（こ）さはどの部分も均一である。どの部分も同じ濃さで，放置しておいても下のほうが濃くなったりしない。

(4) 粒子のモデルで考える水溶液

図1 粒子のモデル

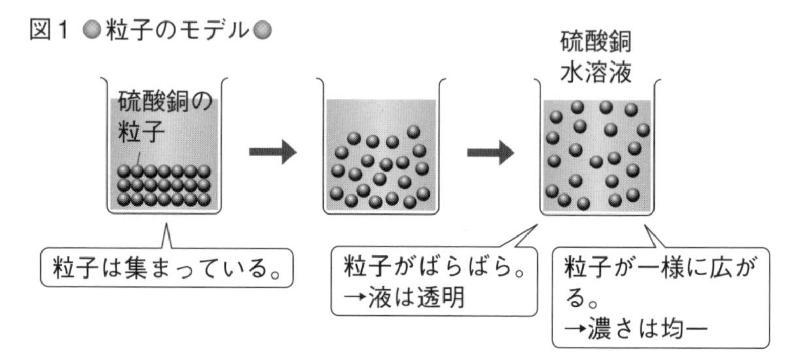

物質を水の中に入れると，水が物質の粒子と粒子の間に入りこみ，粒子がばらばらになって，水の中に一様に広がる。そのため，濃さは均一になり，粒子１つ１つは目に見えないため，液は(④　　　　　)になる。とけて見えなくなっても，粒子がなくなったわけではないため，全体の質量は変化しない。

図2

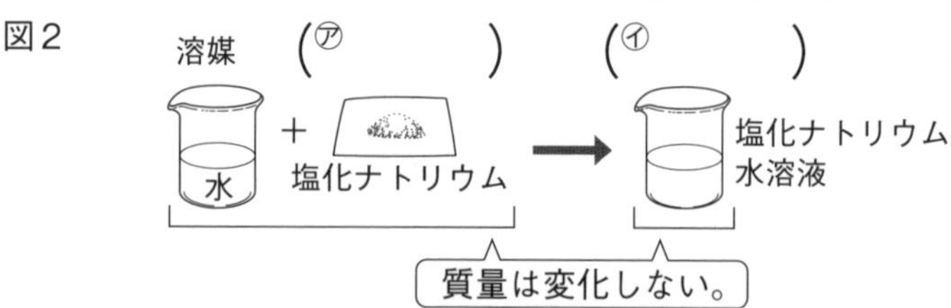

ココが要点の答えになります。

2 水溶液の濃さ

(1) (⑤　　　　　) 溶液の質量に対する溶質の質量の割合を百分率(パーセント)で示したもの。

質量(しつりょう)パーセント濃度(のうど)〔%〕＝ $\frac{\text{溶質の質量〔g〕}}{\text{溶液の質量〔g〕}} \times 100$

＝ $\frac{\text{溶質の質量〔g〕}}{\text{溶媒の質量〔g〕＋溶質の質量〔g〕}} \times 100$

2 溶質のとり出し方

教 p.171〜p.176

1 物質が水にとける量

(1) 飽和(ほうわ)　ある溶質が水に限度までとけている状態。飽和した状態の水溶液を(⑥　　　　)という。

(2) (⑦　　　　)
水100gに物質をとかして飽(ほう)和水溶液(わすいようえき)にしたときの，とけた溶質の質量〔g〕の値。
一定量の水にとける物質の質量は，物質の種類や温度によって決まっている。溶解度と温度の関係を表したグラフを(⑧　　　　　)という。

図3 ●(ウ　　　　)曲線●

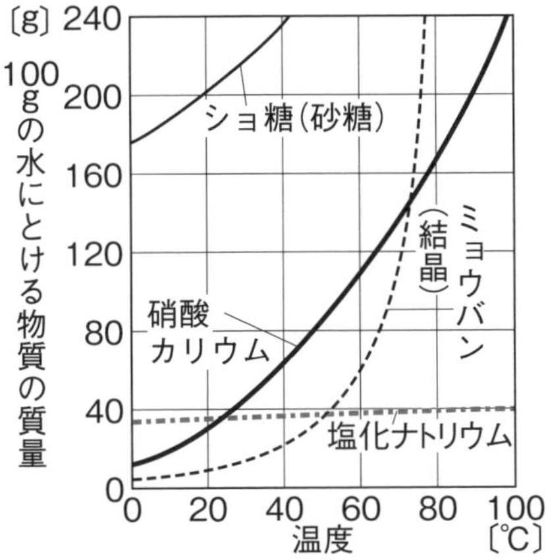

(3) 水にとけた物質のとり出し方

- 溶解度が温度によって大きくちがう物質
  …水溶液を冷やす。
- 溶解度が温度によってあまり変化しない物質
  …水を蒸発させる。

(4) 結晶(けっしょう)と再結晶(さいけっしょう)

- (⑨　　　　)
  …純粋な物質で，規則正しい形をした固体。
- (⑩　　　　)
  …物質をいったん溶媒にとかした後，再び結晶としてとり出す操作。

図4 ●純物質の結晶●

(5) 混合物(こんごうぶつ)と純物質(じゅんぶっしつ)

- (⑪　　　　)…複数の物質が混ざり合ったもの。
- (⑫　　　　)…1種類の物質でできているもの。

満点ミッション

⑤質量パーセント濃度
溶質の質量が溶液の質量の何%になるかで表した濃度。

⑥飽和水溶液
溶質が限度までとけている水溶液。

⑦溶解度(ようかいど)
100gの水にとける物質の限度の質量。

⑧溶解度曲線(ようかいどきょくせん)
溶解度と温度との関係を表したグラフ。

⑨結晶
その物質に特有の規則正しい形をした固体。

⑩再結晶
水などの溶媒にとかした固体を再び結晶としてとり出す操作。

⑪混合物
2種類以上の物質が混ざり合ったもの。

⑫純物質
1種類の物質だけでできたもの。純粋な物質ともいう。

テストに出る！
予想問題　3章　水溶液の性質

30分　/100点

1 下の図は，硫酸銅を水に入れてそのまま放置したときのようすを表したものである。これについて，あとの問いに答えなさい。
4点×6〔24点〕

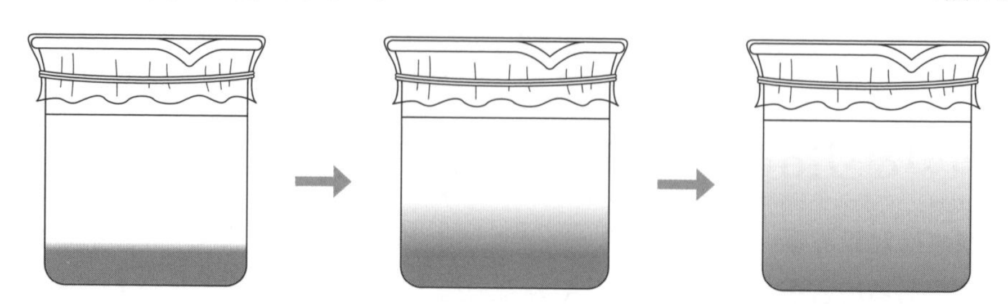

(1) 硫酸銅のように，水にとけている物質のことを何というか。（　　　）

(2) 水のように，物質をとかしている液体のことを何というか。（　　　）

(3) (1)の物質が，(2)の液体にとけた液のことを何というか。（　　　）

記述 (4) 上の図から，さらに放置しておいたとき，液のようすはどのようになっているか。次の2つについて書きなさい。

色の濃さ（　　　）

向こう側の見え方（　　　）

(5) (4)のときのようすを粒子のモデルで表すと，どのようになるか。次の㋐〜㋓から選びなさい。（　　　）

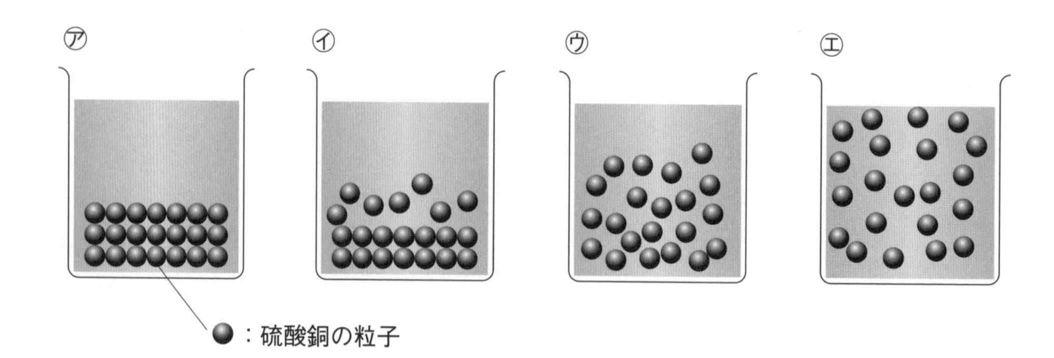

2 水100gに砂糖25gを入れてよくかき混ぜると，砂糖はすべてとけた。これについて，次の問いに答えなさい。
4点×4〔16点〕

(1) できた砂糖水の質量は何gか。（　　　）

(2) できた砂糖水の質量パーセント濃度を求めなさい。（　　　）

(3) できた砂糖水に125gの水を加えた。このときの質量パーセント濃度を求めなさい。（　　　）

(4) 5％の砂糖水200gには，何gの砂糖がとけているか。（　　　）

よく出る **3** 右の図は，100gの水にとける塩化ナトリウムと硝酸(しょうさん)カリウムの限度の質量と温度の関係を表したグラフである。これについて，次の問いに答えなさい。　4点×8〔32点〕

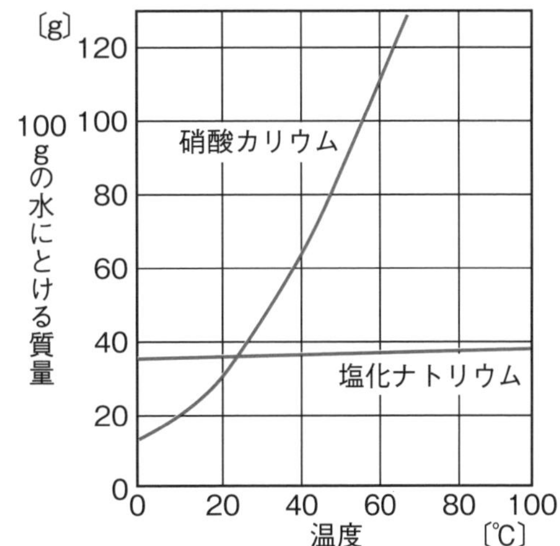

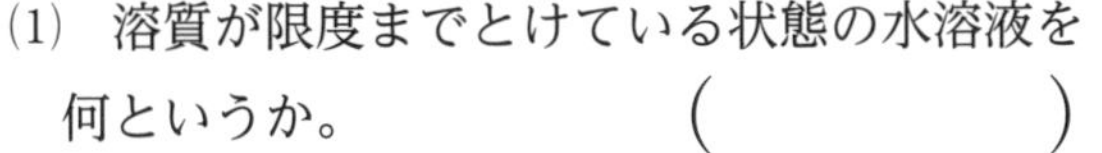

(1) 溶質が限度までとけている状態の水溶液を何というか。（　　　　）

(2) 図のようなグラフを何というか。（　　　　）

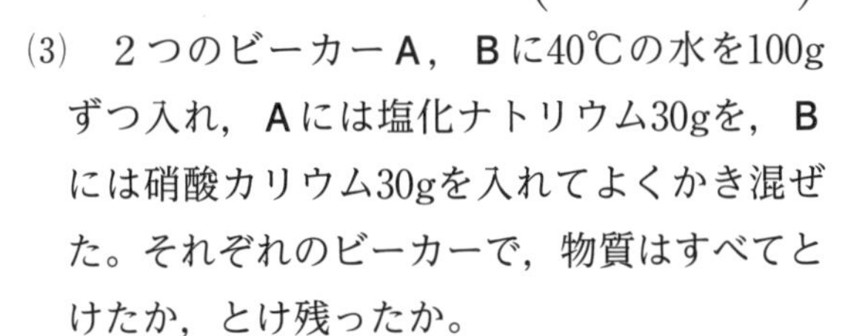

(3) 2つのビーカーA，Bに40℃の水を100gずつ入れ，Aには塩化ナトリウム30gを，Bには硝酸カリウム30gを入れてよくかき混ぜた。それぞれのビーカーで，物質はすべてとけたか，とけ残ったか。

A（　　　　）
B（　　　　）

(4) (3)の水溶液を10℃まで冷やしたところ，一方の水溶液から物質をとり出すことができた。ビーカーA，Bのどちらの水溶液からとり出せたか。（　　）

(5) (4)でとり出した物質の質量は約何gか。次のア～エから選びなさい。（　　）

ア　約10g　　イ　約20g　　ウ　約30g　　エ　約40g

記述 (6) (4)で選ばなかったほうのビーカーから物質をとり出すには，どのようにすればよいか。簡単に答えなさい。（　　　　）

(7) 水溶液を冷やしたり，(6)の方法を用いたりして，とかした物質を再びとり出す操作を何というか。（　　　　）

よく出る **4** 右の図は，水にとけない物質やとけ残った物質を，水と分ける方法を表したものである。これについて，次の問いに答えなさい。　4点×7〔28点〕

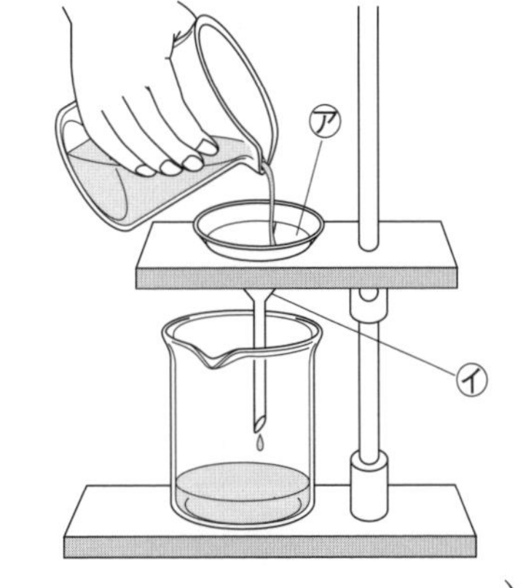

(1) 図の器具を使って，固体と液体を分ける方法を何というか。（　　　　）

(2) アの紙，イの器具をそれぞれ何というか。

ア（　　　　）
イ（　　　　）

(3) アの紙をイにぴったりとつけるために，どのようにするか。（　　　　）

記述 (4) 右の図には，あつかい方が正しくない部分が2か所ある。どのようにすれば正しくなるか。

（　　　　）
（　　　　）

(5) 純粋な物質で，その物質に特有の規則正しい形をしている固体のことを何というか。

（　　　　）

4章 物質のすがたとその変化

①状態変化（じょうたいへんか）
物質が，固体，液体，気体と状態を変えること。

②体積
物質の状態が変わるときに変化するもの。固体→液体→気体になるにつれて大きくなる。ただし，水は例外。

③質量
物質の状態が変わるときに変化しないもの。

ポイント
状態変化では，物質の粒子の間隔が変わるため，体積は変わるが，粒子の数が変わらないため，質量は変わらない。

テストに出る！ ココが要点 解答 p.11

① 物質のすがたの変化

教 p.177～p.193

1 状態変化

(1) (① 　　　　) 物質が固体，液体，気体と状態を変えること。状態が変わってもほかの物質に変わるわけではない。

図1

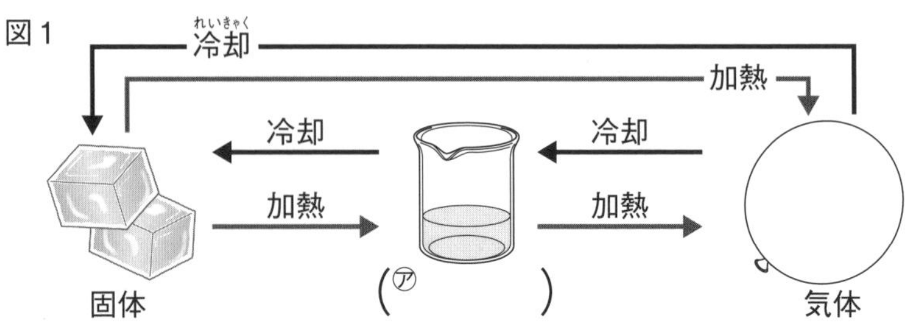

(2) 状態変化における体積・質量 状態変化では，物質の(② 　　　　)は変化するが，質量は変化しない。

●液体→気体…体積は大きくなる。密度は小さくなる。

●液体→固体…体積は小さくなる。密度は大きくなる。

(例外)水は，氷になると体積が大きくなり，密度は小さくなる。

図2

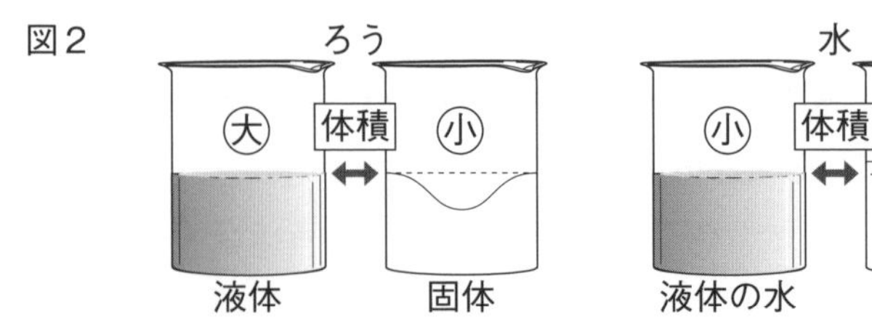

(3) 粒子のモデルで表す状態変化

粒子の数：変化しない。➡物質の(③ 　　　　)は変化しない。

粒子の運動：加熱すると，運動が激しくなる。

粒子の間隔（かんかく）：加熱すると，粒子どうしの間隔は広くなる。

(例外)液体の水は，氷よりも粒子どうしの間隔がせまい。

図3 粒子のモデル

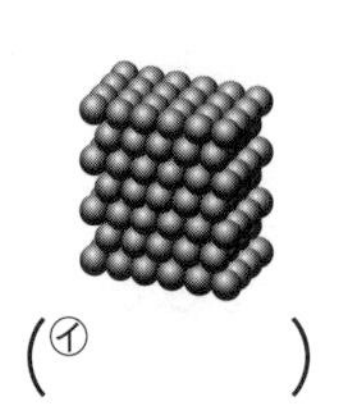
(㋑ 　　　)

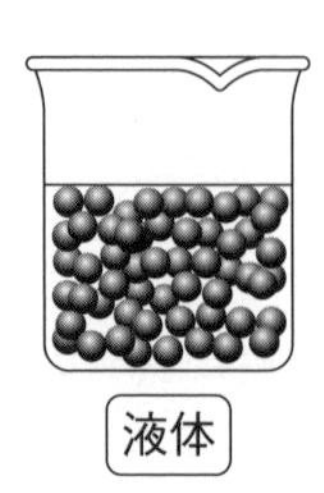
液体

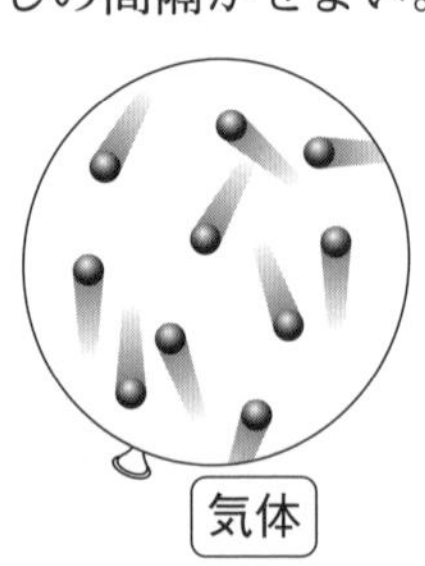
気体

ココが要点の答えになります。

2 状態変化と温度

(1) 沸点・融点

● (④　　　　)…液体が沸騰して気体に変化するときの温度。
● (⑤　　　　)…固体がとけて液体に変化するときの温度。

(2) 沸点と融点のきまり

●物質の種類によって決まっていて，物質の量には関係しない。
● (⑥　　　　)が状態変化する間(固体から液体に変化，液体から気体に変化)は，加熱し続けても温度が一定である。

図4 水の状態変化と温度

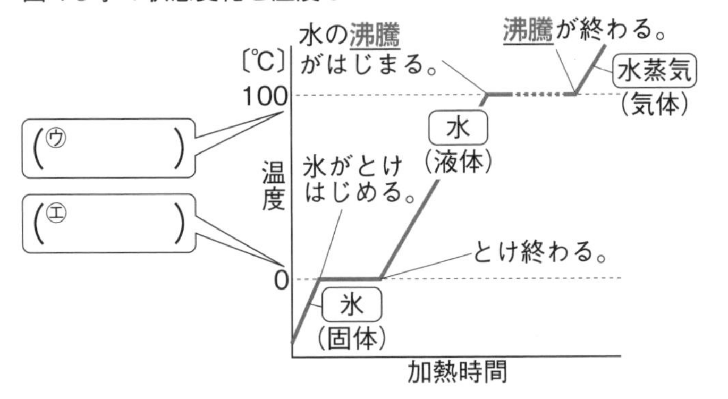

3 混合物の分け方

(1) 混合物の加熱

混合物の沸点や融点は決まった温度にならない。グラフから，沸騰がはじまっても温度が上がっていることがわかる。また，温度変化のようすも混合する割合によって変わる。

図5 水とエタノールの混合物の加熱

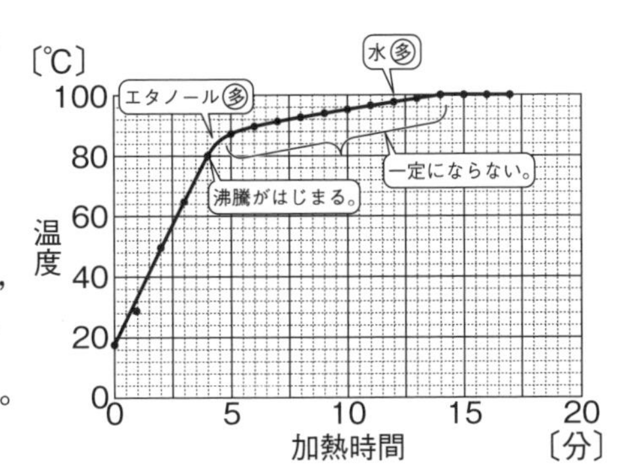

(2) (⑦　　　　)

液体を加熱して沸騰させ，出てくる気体を冷やして再び液体にして集める方法。

(3) 水とエタノールの混合物の蒸留　混合物中の物質の沸点のちがいを利用して，水とエタノールを分離できる。

図6

枝つきフラスコ
沸騰石
水とエタノールの混合物
氷水

満点ミッション

④沸点
物質が沸騰して，液体から気体に変化するときの温度。

⑤融点
物質が固体から液体に変化するときの温度。

⑥純物質
1種類の物質でできているもの。

ミス注意！
物質の融点や沸点は，物質の種類によって決まっていて，物質の量によって変わることはない。

⑦蒸留
液体を沸騰させ，出てきた気体を冷やして再び液体にして集める方法。

ポイント
液体を加熱するときは，突沸を防ぐために沸騰石を入れる。

教科書 p.177～p.203 解答 p.11

テストに出る！

予想問題　4章　物質のすがたとその変化

30分　/100点

1 右の図のように，固体のろうを加熱して液体にし，再び冷やして固体のろうにもどした。これについて，次の問いに答えなさい。　5点×4〔20点〕

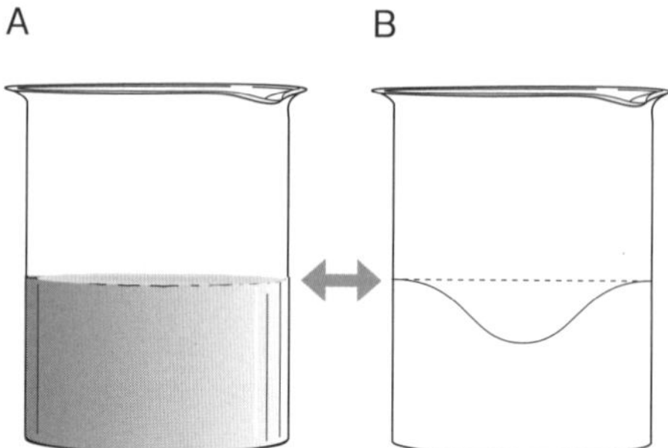

(1) ろうが固体から液体になったり，液体から固体になったりするような変化を何というか。（　　　）

(2) ろうが固体から液体になると，体積はどのようになるか。次のア～ウから選びなさい。（　　）

ア　大きくなる。
イ　小さくなる。
ウ　変化しない。

(3) ろうが固体から液体になると，質量はどのようになるか。(2)のア～ウから選びなさい。（　　）

(4) 図で，ろうの粒子どうしの間隔が広いのは，A，Bのどちらか。（　　）

2 下の図のように，固体のパルミチン酸を加熱し，温度と状態の変化を調べた。これについて，あとの問いに答えなさい。　5点×5〔25点〕

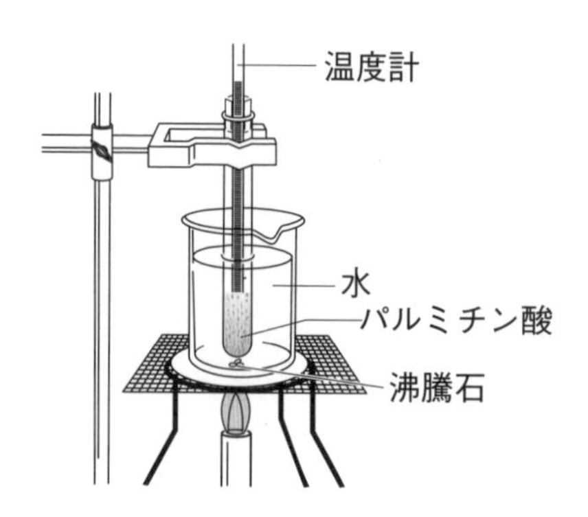

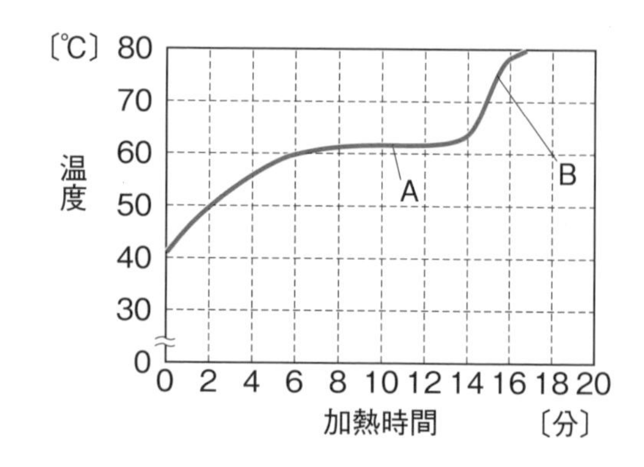

(1) グラフのA，Bのとき，パルミチン酸はどのような状態か。それぞれ次のア～ウから選びなさい。A（　　）B（　　）

ア　固体　　イ　固体と液体が混ざっている状態　　ウ　液体

(2) パルミチン酸は，混合物か，純物質か。（　　　）

(3) パルミチン酸の質量を2倍にして同じ実験を行うと，Aの状態のときの温度はどのようになるか。（　　　）

(4) パルミチン酸とエタノールでは，Aの状態のときの温度は同じか，異なるか。（　　　）

3 ３種類の物質を３本の試験管Ａ～Ｃにとり，下の図のような装置で加熱して，それぞれの物質のようすと温度を調べた。これについて，あとの問いに答えなさい。　5点×7〔35点〕

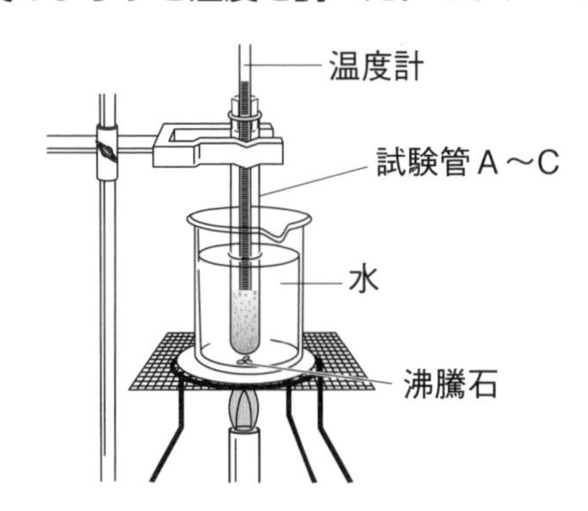

物質	㋐〔℃〕	㋑〔℃〕
エタノール	−115	78
水銀	−39	357
メントール	43	217
パルミチン酸	63	360

(1)　固体がとけて液体に変化するときの温度を何というか。　(　　　　　)

(2)　液体が沸騰して気体に変化するときの温度を何というか。　(　　　　　)

(3)　表は，いろいろな物質が状態を変化させるときの(1)，(2)の温度を示している。(1)の温度を示しているのは，表の㋐，㋑のどちらか。　(　　)

(4)　試験管Ａの物質は，64℃のときに固体から液体に変化した。この物質は何だと考えられるか。表の中から選びなさい。　(　　　　　)

(5)　試験管Ｂ，Ｃの物質は，それぞれ42℃，50℃のときに固体から液体に変化した。50℃のとき，試験管Ａ～Ｃの物質はどのような状態であると考えられるか。それぞれ次のア～ウから選びなさい。　Ａ(　　)　Ｂ(　　)　Ｃ(　　)

ア　固体　　イ　固体と液体　　ウ　液体

よく出る **4** 右の図のような装置で，水20cm^{3}とエタノール５cm^{3}の混合物を加熱し，出てきた気体を冷やして液体にし，順番に試験管Ａ～Ｃに集めた。これについて，次の問いに答えなさい。　4点×5〔20点〕

(1)　試験管Ａ～Ｃの液体のうち，もっとも強いにおいがあるのはどれか。　(　　)

(2)　試験管Ａ～Ｃの液体のうち，蒸発皿に移して火を近づけたときに火がつくのはどれか。　(　　)

(3)　試験管Ａの液体に多くふくまれている物質は何か。　(　　　　　)

(4)　エタノールと水の沸点について，次のア～ウから正しいものを選びなさい。　(　　)

ア　どちらも同じ。　　イ　水のほうが低い。

ウ　エタノールのほうが低い。

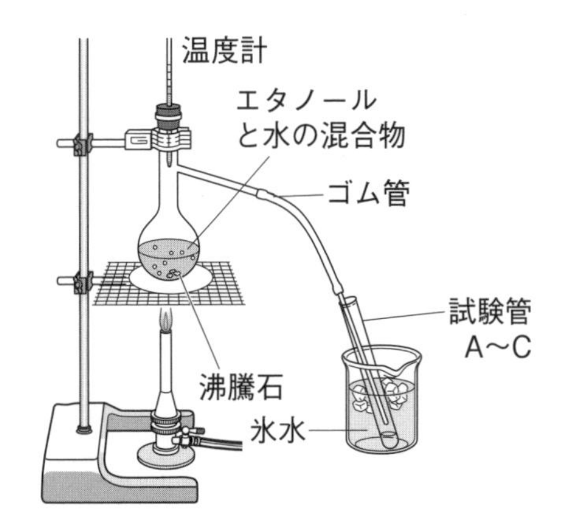

(5)　この実験のように，液体を沸騰させ，出てくる気体を冷やして再び液体として集める方法を何というか。　(　　　　　)

1章　光による現象

①光源
みずから光を発するもの。太陽，照明器具など。

②入射光
鏡に入ってくる光。

③反射光
反射して出ていく光。

④反射の法則
光が反射するとき，「入射角＝反射角」がつねに成り立つという法則。

⑤像
鏡に物体が映って，鏡のおくにあるように見えるとき，これを物体の像という。

⑥全反射
物質どうしの境界の面に進んだ光が境界の面で屈折せず，すべて反射する現象。

ポイント
光が水やガラスから空気に進むとき，入射角を大きくしていくと，屈折角が90°に近づいて，やがて光が水やガラスから外に出ることができなくなり，すべて反射してしまう。

ココが要点の答えになります。

テストに出る！ココが要点　解答 p.12

① 光による現象　教 p.206～p.227

1 光の進み方

(1) (① 　　　) みずから光を発するもの。光源から出た光は直進する。

(2) 光の反射　光は鏡などに当たるとはね返る。

- (② 　　　)…鏡に入る光。
- (③ 　　　)…反射した光。
- 光の(④ 　　　)…入射角と反射角は等しいという法則。

図1
鏡　光　(㋐ 　　)(㋑ 　　)　等しい　面に垂直な直線

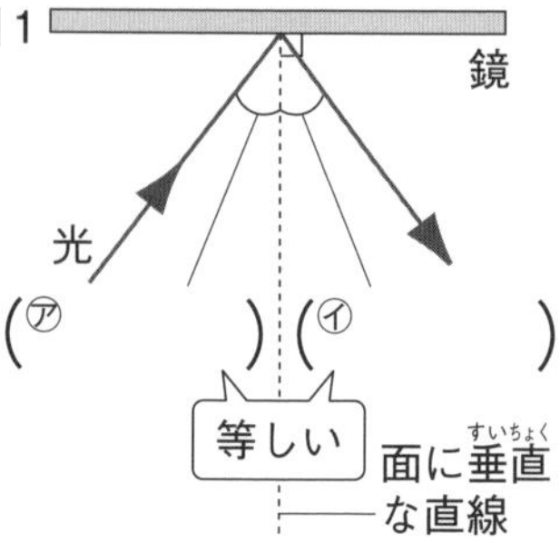

(3) 像　物体が鏡に反射して見えるとき，鏡のおくにあるように見える物体を，物体の(⑤ 　　　)という。

(4) 乱反射　でこぼこした物体の表面で光がいろいろな方向に反射すること。

図2 鏡による像
鏡　A'　A
点Aから出た光は，点A'(Aの像)から出たように見える。

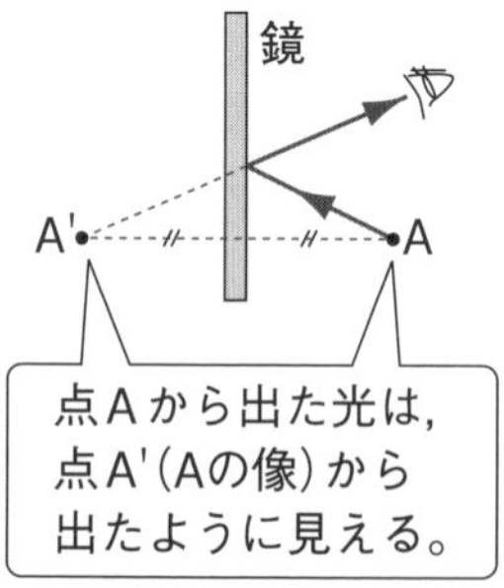

2 光が通りぬけるときのようす

(1) 光の屈折　光が異なる物質の間を進むとき，物質の境界面で光が曲がること。このときの，進む光を屈折光，角度を屈折角という。

(2) (⑥ 　　　) 水やガラスから空気へ進む光の入射角がある大きさをこえたとき，すべての光が境界面で反射する現象。

図3
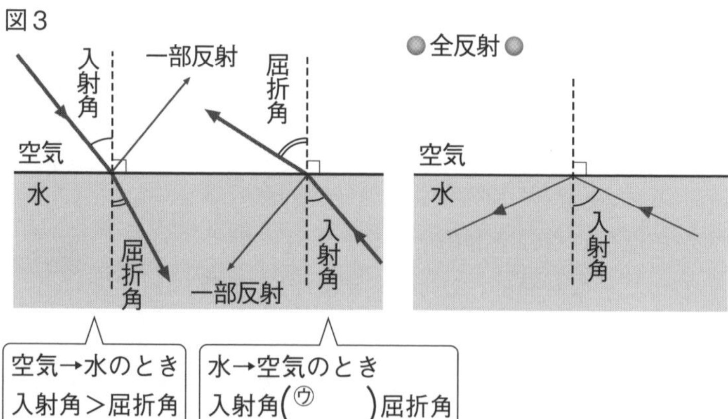

(3) 光の白色光　太陽や白色電灯の光は白色光とよばれ，いろいろな色の光が混ざっているが，プリズムに通すと，色を分けられる。

3 レンズのはたらき

(1) (⑦　　　　) 凸(とつ)レンズの真正面から平行に光を当てたとき，凸レンズを通過した光が屈折して集まる点。レンズの中心と焦点(しょうてん)までの距離を焦点距離(しょうてんきょり)という。

図４

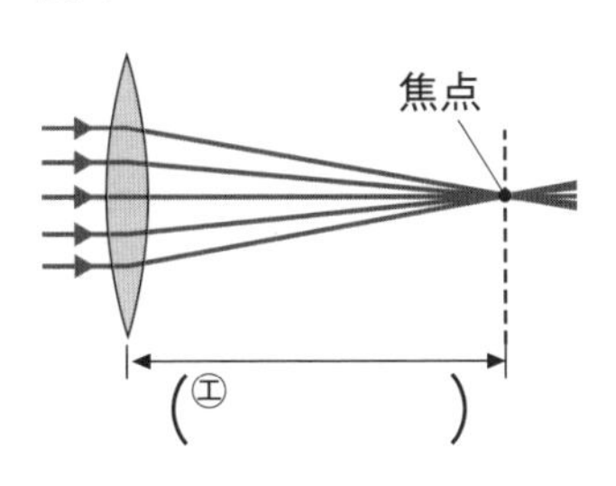

(2) 凸レンズを通る光の進み方

- 光軸に平行に入った光は，屈折して反対側の焦点を通る。
- 凸レンズの中心を通った光は，そのまま直進する。
- 物体側の焦点を通って凸レンズに入った光は，屈折した後，光軸に平行に進む。

図５

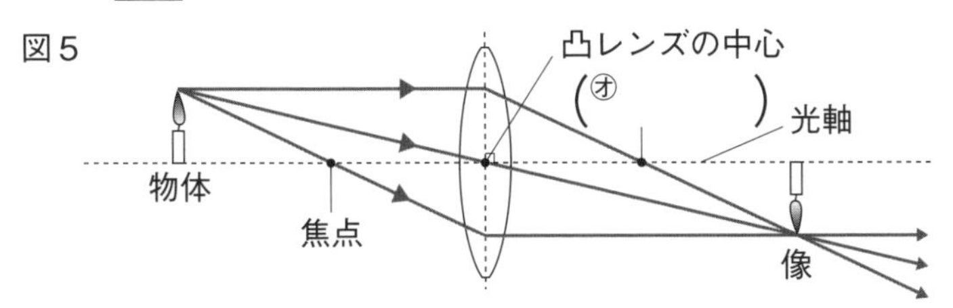

(3) 凸レンズによる像

- 物体が焦点の外側にあるとき，スクリーンに上下・左右が逆向きの像が映る。この像を(⑧　　　　)という。
- 物体が焦点の内側にあるとき，凸レンズを通して物体より大きな像が見える。この像を(⑨　　　　)という。
- 焦点距離の２倍の位置に物体を置くと，物体と同じ大きさの実像が，焦点距離の２倍の位置にできる。

物体の位置	焦点距離の２倍より遠い	焦点距離の２倍	焦点距離の２倍より近い	焦点距離	焦点距離より近い
像の大きさ	小さい	同じ	大きい	できない。	大きい
像の向き	上下左右逆	上下左右逆	上下左右逆	できない。	同じ向き
実像・虚像	実像(じつぞう)	(㋕　　)	実像	できない。	(㋖　　)

図６

●凸レンズによる実像●

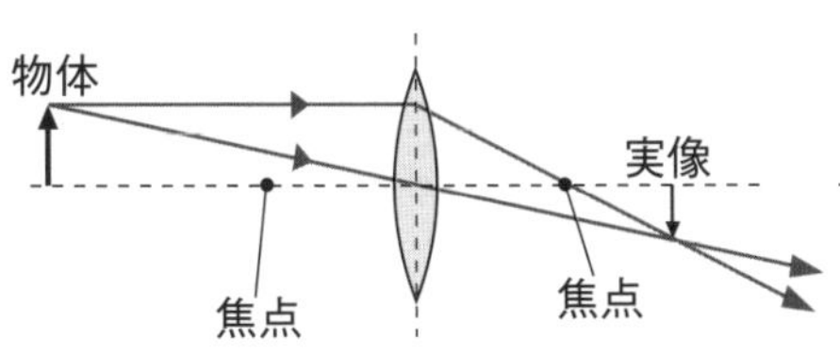

●凸レンズによる虚像●

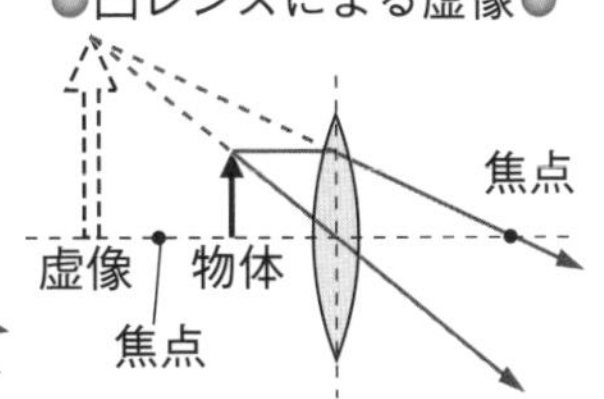

満点★ミッション

⑦焦点
凸レンズの光軸に平行に入った光が，凸レンズで屈折して集まる点。レンズの両側にある。

ポイント
焦点距離は，レンズの両側で同じ長さである。

⑧実像(じつぞう)
物体が焦点の外側にあるとき，凸レンズで屈折した光が１点に集まってできる上下・左右が物体と逆向きの像。スクリーンに映る。

⑨虚像(きょぞう)
物体が焦点の内側にあるとき，凸レンズを通して見える物体より大きく，物体と同じ向きの像。物体と同じ方向にあり，スクリーンには映らない。

テストに出る！

予想問題　1章　光による現象－①

30分　/100点

よく出る **1** 右の図は，鏡に当たった光が反射するようすを表したものである。これについて，次の問いに答えなさい。　5点×5〔25点〕

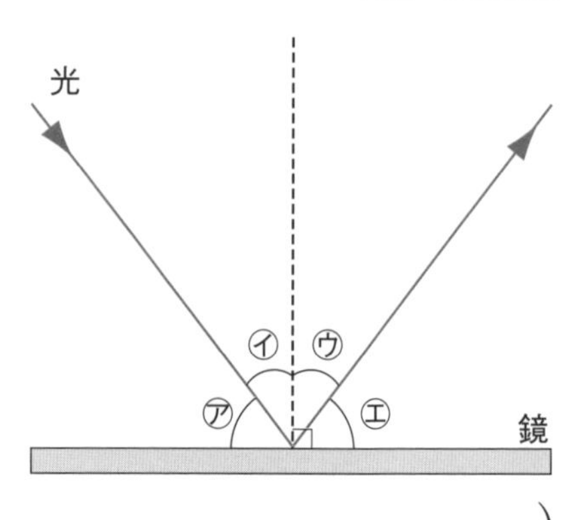

(1) 入射角，反射角を，それぞれ図の㋐～㋓から選びなさい。　入射角（　　）　反射角（　　）

(2) 入射角と反射角は，どのような関係になっているか。（　　　　）

(3) (2)の関係を何というか。（　　　　）

記述 (4) 身のまわりの物体は，どの方向からでも見ることができる。この理由を簡単に答えなさい。
（　　　　）

2 下の図は異なる物質どうしの境界へ進む光を表したものである。これについて，あとの問いに答えなさい。　4点×7〔28点〕

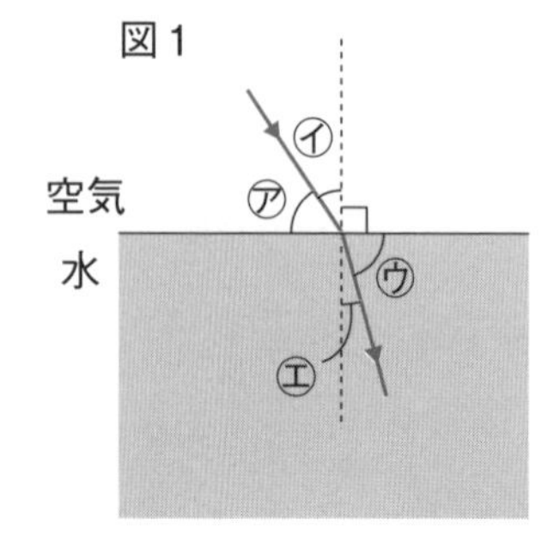

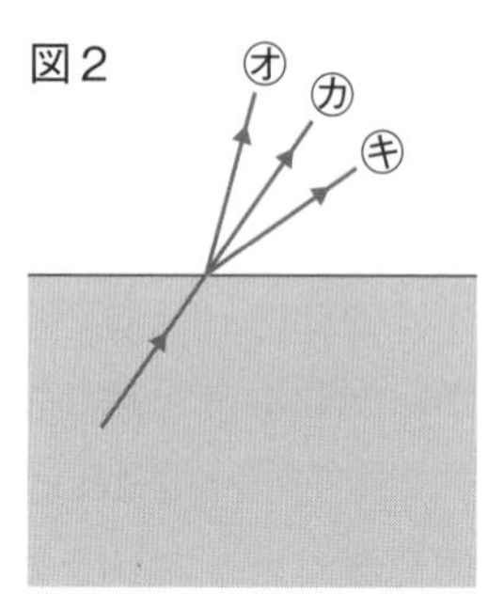

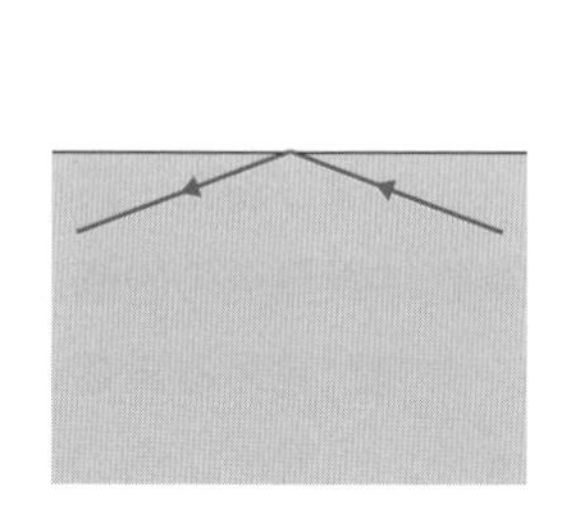

(1) 図1のように，光が異なる物質どうしの境界へ進むとき，境界の面で曲がることを何というか。（　　　　）

(2) 図1で，入射角，屈折角はどれか。それぞれ㋐～㋓から選びなさい。
入射角（　　）　屈折角（　　）

(3) 図2で，光の進み方として正しいものはどれか。㋔～㋖から選びなさい。
（　　）

(4) 図2で，入射角と屈折角の関係はどのようになっているか。次のア～ウから選びなさい。
（　　）

ア　入射角>屈折角　　イ　入射角<屈折角　　ウ　入射角＝屈折角

(5) 図3では，水から空気へ進む光の入射角がある大きさをこえたため，光がすべて反射した。このような現象を何というか。（　　　　）

(6) (5)のしくみを利用しているものを，次のア～エから選びなさい。（　　）

ア　鏡　　イ　万華鏡　　ウ　光ファイバー　　エ　虫眼鏡

作図 **3** 下の図1，2のように，底にコインを入れた容器に少しずつ水を入れていくと，コインが見えるようになった。これについて，あとの問いに答えなさい。ただし，作図に使用した線も残しておくこと。

6点×2〔12点〕

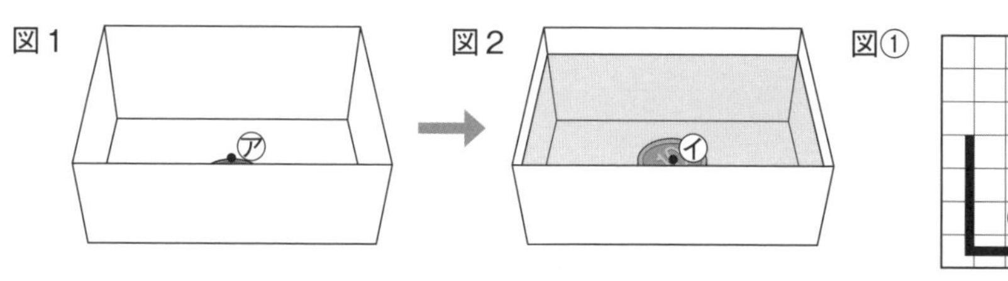

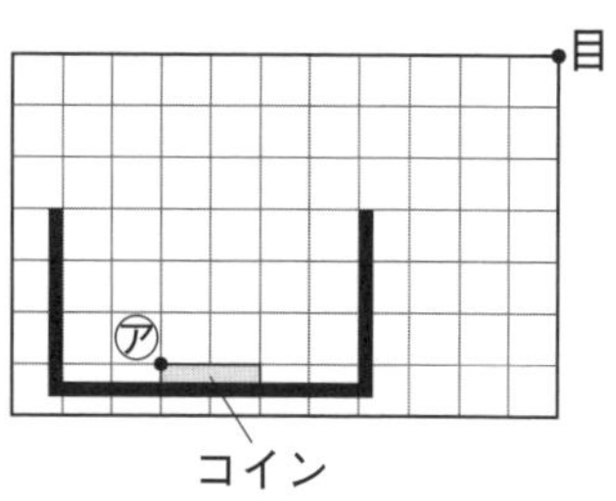

(1) 図1のとき，コインの端が少しだけ見えた。このとき，コインの点㋐で反射した光が目に届くまでの道すじを図①にかきなさい。

(2) 図2のとき，コインの端から中心㋑までが見えるようになっていた。コインの中心㋑で反射した光が目に届くまでの道すじを，図②にかきなさい。

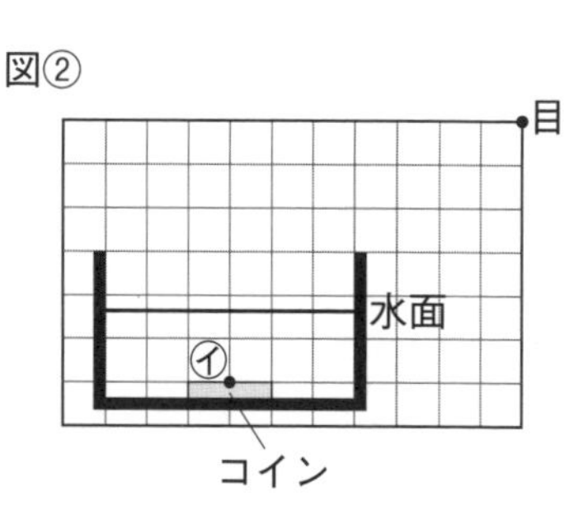

4 下の図は，A，Bの２種類の凸レンズに真正面から平行な光を当てたときのようすを表したものである。これについて，あとの問いに答えなさい。

5点×7〔35点〕

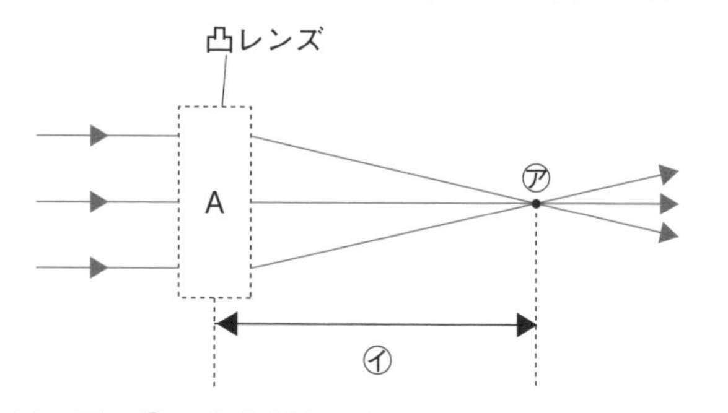

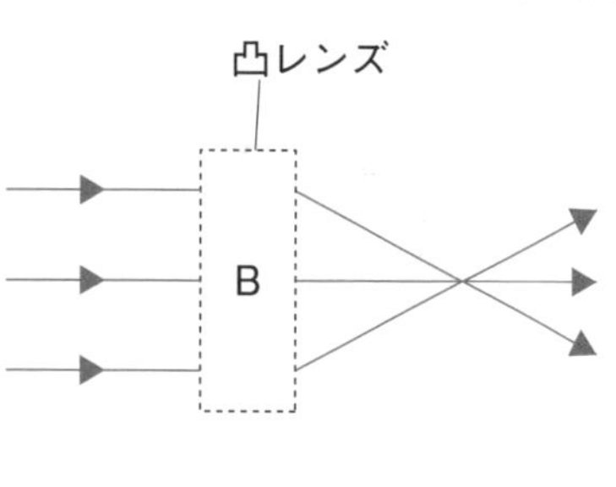

(1) 図の㋐の点を何というか。　(　　　　　)

(2) 図の㋐の点は，凸レンズの左側にもあるか，右側にしかないか。　(　　　　　)

(3) 図の㋑の距離を何というか。　(　　　　　)

(4) A，Bで，凸レンズのふくらみが大きいのはどちらか。　(　　)

記述 (5) ある１点から出た光を凸レンズに当てて，光の通る道すじを調べた。次の①～③の光はどのように進むか。簡単に答えなさい。

① 光軸に平行に凸レンズに入った光　(　　　　　　　　　　)

② 凸レンズの中心を通った光　(　　　　　　　　　　)

③ (1)の点を通って凸レンズに入った光　(　　　　　　　　　　)

解答 p.12

テストに出る！
予想問題　1章　光による現象－②

30分　/100点

よく出る **1** 下の図は，半円形のレンズを通る光の進み方を表したものである。これについて，あとの問いに答えなさい。　6点×5〔30点〕

図1

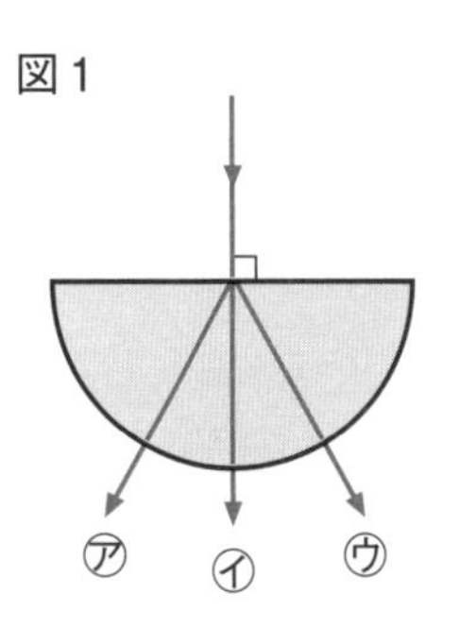

図2

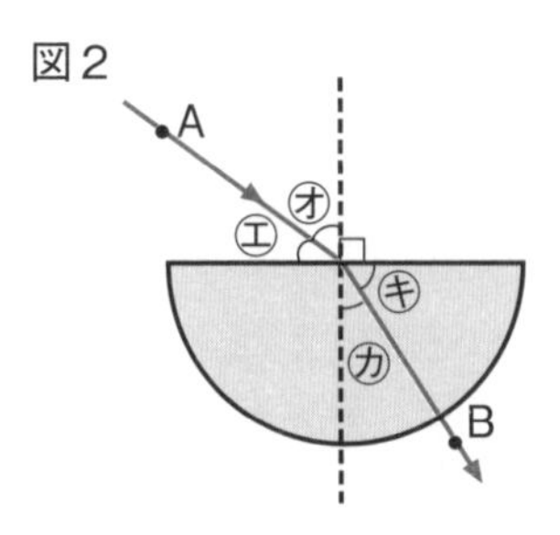

図3

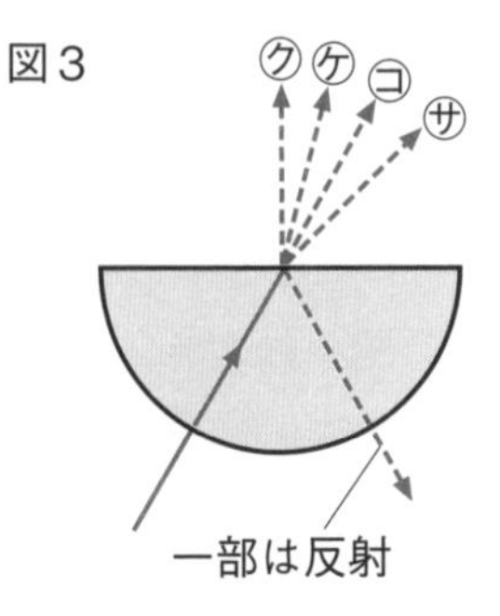

(1) 図1で，光はどのように進むか。㋐～㋒から選びなさい。（　　）

(2) 図2で，入射角，屈折角を表しているのは，それぞれ㋓～㋖のどれか。
入射角（　　）　屈折角（　　）

(3) 図2で，矢印が示す向きとは逆向きに，Bの方向から入ってきた光は，Aの方向に進むか，Aとは異なる方向に進むか。（　　　　　　）

(4) 図3で，光はどのように進むか。㋗～㋚から選びなさい。（　　）

2 右の図のようにして，凸レンズによってできる物体の像について調べた。これについて，次の問いに答えなさい。　5点×4〔20点〕

作図 (1) 物体から出た光が凸レンズを通る道すじと，できた像を図にかき入れなさい。

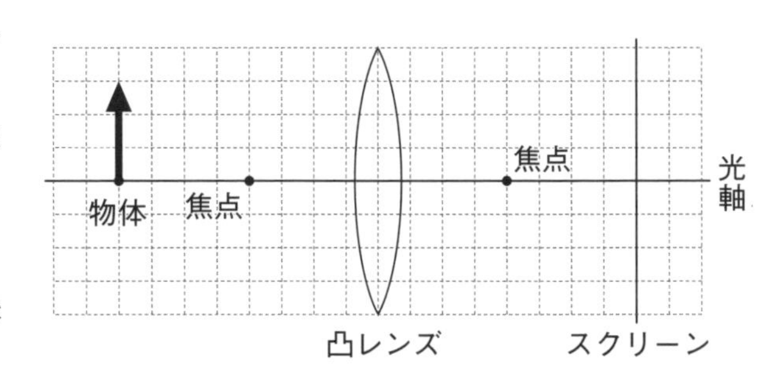

(2) できた像の大きさは，物体と比べて大きいか，小さいか，同じか。
（　　　　　）

(3) (2)の像のように，スクリーンに映すことができる像を何というか。
（　　　　　）

(4) 物体の位置を凸レンズから遠ざけたとき，像の大きさや位置はどのようになるか。次のア～エから選びなさい。（　　）

ア　像は大きくなり，像の位置は凸レンズに近づく。
イ　像は大きくなり，像の位置は凸レンズから遠ざかる。
ウ　像は小さくなり，像の位置は凸レンズに近づく。
エ　像は小さくなり，像の位置は凸レンズから遠ざかる。

よく出る **3** 下の図のような装置を使い，物体を①～⑤の位置に置いて，像が映るスクリーンの位置や像の大きさについて調べた。これについて，あとの問いに答えなさい。 5点×10〔50点〕

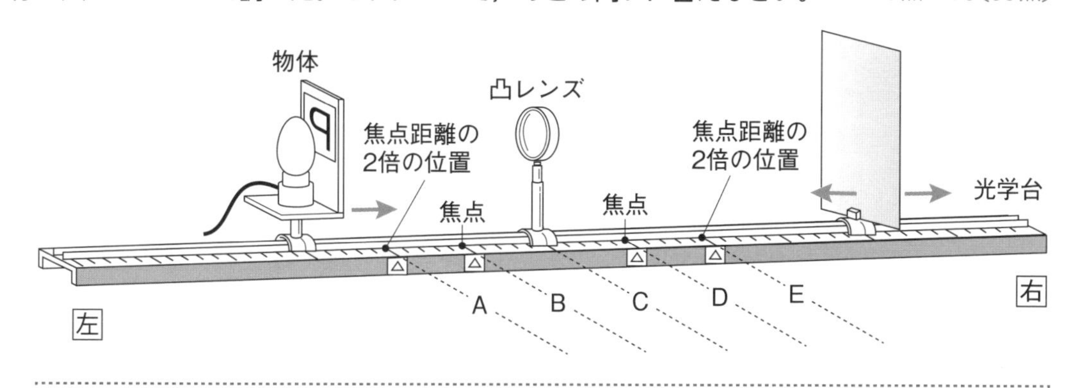

物体を置く位置
①Aより左　②Aの位置　③AとBの間　④Bの位置　⑤BとCの間

(1) 物体を①～⑤の位置に置いたとき，スクリーンをどこに置くと像がはっきりと映るか。次のア～カからそれぞれ選びなさい。
①(　　) ②(　　) ③(　　) ④(　　) ⑤(　　)

ア　CとDの間　イ　Dの位置　ウ　DとEの間
エ　Eの位置　オ　Eより右　カ　どの位置に置いても像は映らない。

(2) 凸レンズを通して，物体と同じ方向に像が見えたのは，物体を①～⑤のどの位置に置いたときか。(　　)

(3) (2)のような像を何というか。(　　　　)

作図 (4) ①，③，⑤の位置に物体を置いたとき，どのような像ができるか。凸レンズを通った後の光の道すじとできた像を，次の図にかき入れなさい。

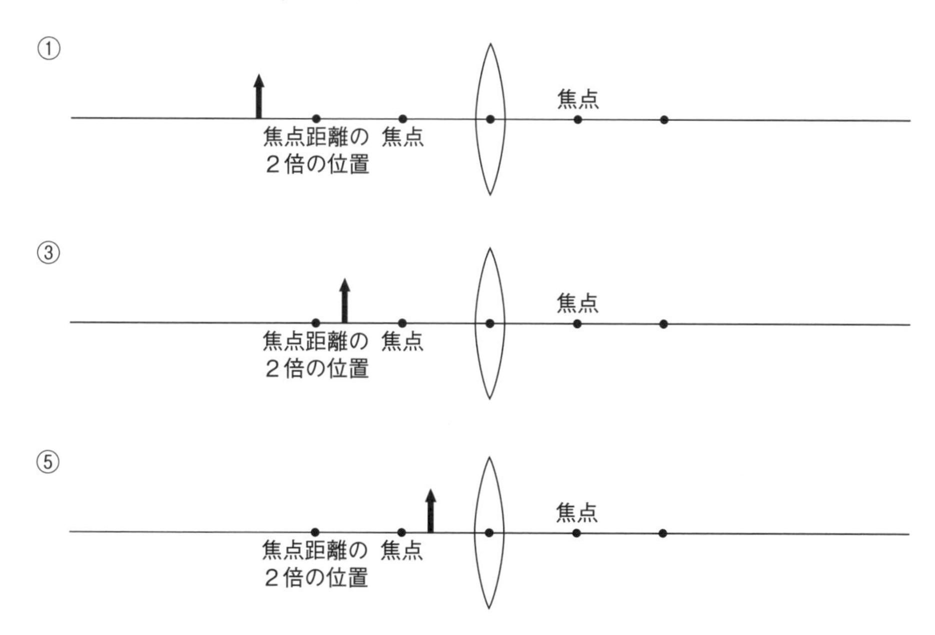

2章　音による現象

①音源(発音体)（はつおんたい）
音を発生しているもの。

②振動
物体がふるえていること。

ミス注意！
空気をぬいた容器の中では，音を伝えるものがないので，音は伝わらない。

③波（なみ）
振動が次々と伝わっていく現象。

音が伝わる速さは気体の中より，液体や固体の中のほうが大きいよ。

④m/s
音の速さを表す単位。1秒間に何m進むかを表している。

ポイント
光は一瞬で伝わる(約30万km/s)が，音は空気中を伝わるのに時間がかかる。

テストに出る！ **ココが要点**　解答 p.13

① 音の伝わり方

教 p.228～p.232

1 音の伝わり方

(1) (① 　　　　) 音を発生しているもの。音は音源（おんげん）となる物体が(② 　　　　)することによって生じる。

(2) 音の伝わり方　音が空気を伝わっていくとき，空気の振動（しんどう）が次々と伝わるが，空気そのものは移動しない。

図1 ●音の実験●

❶ Aの音（おん）さをたたき，振動させる。
❷ 空気が(㋐ 　　　　)する。
❸ Bの音さが振動し，音が鳴る。

(A，Bは同じ高さの音を出す音さ)

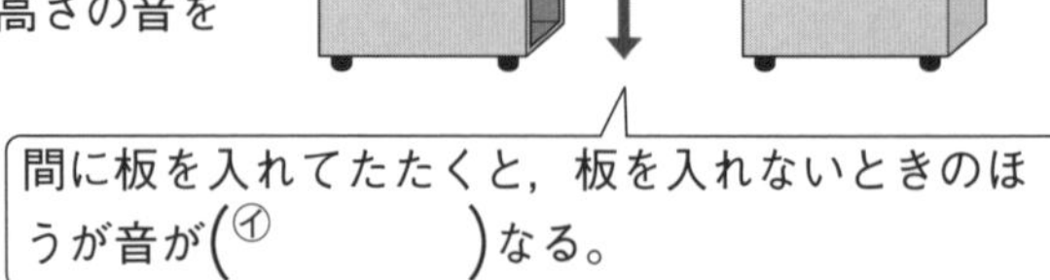

間に板を入れてたたくと，板を入れないときのほうが音が(㋑ 　　　　)なる。

(3) (③ 　　　　) 振動が次々と伝わる現象。音は波として，あらゆる方向に伝わる。

(4) 音を伝える物質　音は，空気などの気体だけでなく，液体や固体の中も伝わる。

2 音の伝わる速さ

(1) 音の伝わる速さ　音が空気中を伝わる速さは，約340メートル毎秒(340m/s)である。音の速さは，音が伝わる物質の種類によっても異なる。

(2) 音の速さの求め方

$$\text{音の速さ}〔(④ \qquad)〕=\frac{\text{音が伝わる距離}〔\text{m}〕}{\text{音が伝わる時間}〔\text{s}〕}$$

例　花火までの距離が1700mで，花火が見えた5秒後に音が聞こえた。このときの音の速さは，

$$\frac{1700〔\text{m}〕}{5〔\text{s}〕}=340〔\text{m/s}〕$$

ココが要点の答えになります。

② 音の大小と高低

教 p.233～p.237

1 音の大小と高低

(1) 音の大小　音源の振動の振(ふ)れ幅(はば)を(⑤　　　　)という。振幅(しんぷく)が大きいほど音は**大きく**なる。

音を大きくする方法

- 弦(げん)を**強く**はじく。

(2) 音の高低　音源が１秒間に振動する回数を(⑥　　　　)という。振動数(しんどうすう)の単位は(⑦　　　　)(記号：**Hz**)である。振動数が多いほど音は**高く**なる。

音を高くする方法

- 弦の長さを**短く**する。
- 弦を**強く**はる。

図２

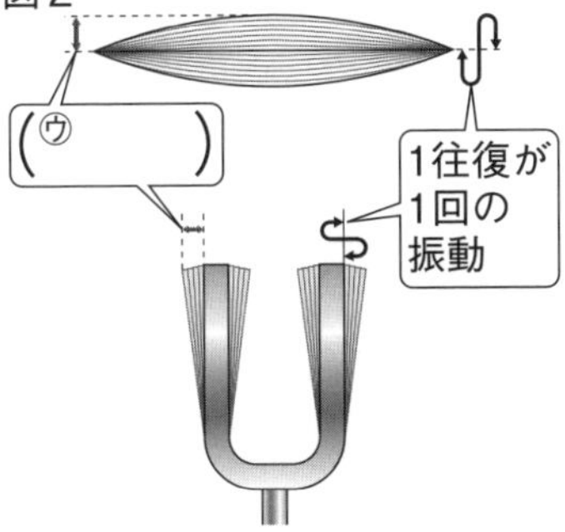

(ウ　　　　)

1往復が1回の振動

図３

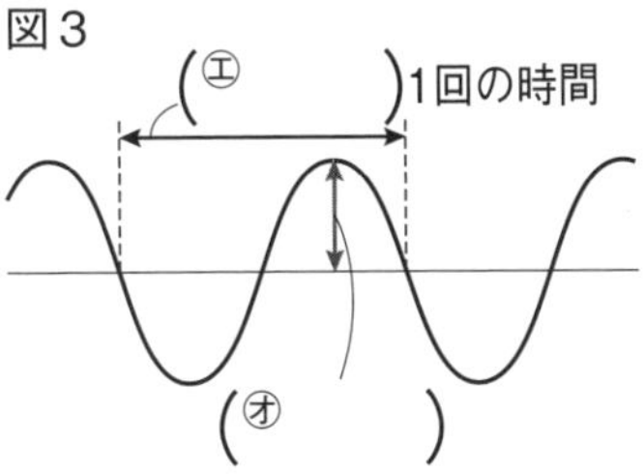

(エ　　　　)1回の時間

(オ　　　　)

図４

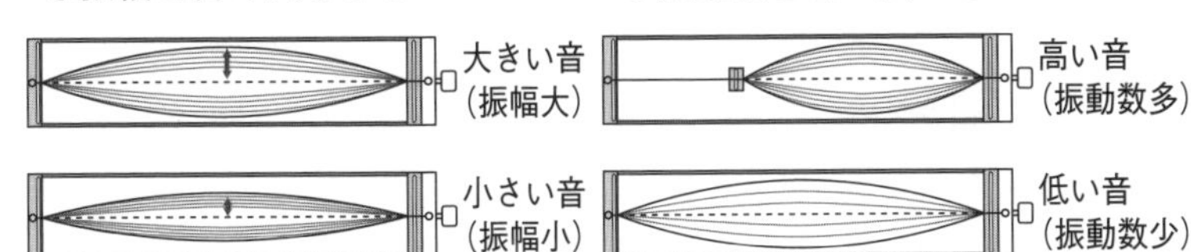

2 音の波形

(1) オシロスコープ　振動のようすを波形として表示する装置。横軸の方向は**時間**，縦軸の方向は**振幅**を表している。

(2) 音の大小　大きな音ほど，波の高さが**大きく**なる。

(3) 音の高低　高い音ほど，一定時間の波の数が**多く**なる。

図５ オシロスコープで見る波形

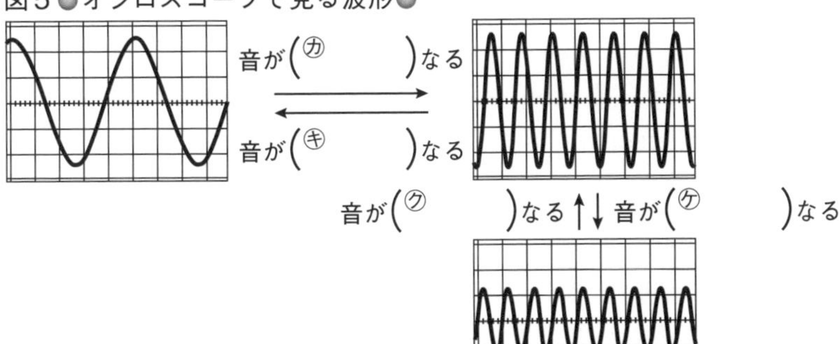

⑤**振幅**
音源の振動の振れ幅。

⑥**振動数**
音源が１秒間に振動する回数。

⑦**ヘルツ**
振動数の単位。記号はHz。

ポイント

輪ゴムギターの場合は強くはる，ビーカードラムの場合は水の量を減らす，試験管笛の場合は水の量をふやすと，それぞれ音が高くなる。

ミス注意！

オシロスコープで，画面の波の数(振動数)が多いほど高い音，波の高さ(振幅)が大きいほど大きい音である。

解答 p.13

テストに出る！

予想問題　2章　音による現象

⏱30分　/100点

1 下の図のように，容器の中に乾電池つきブザーを入れて，簡易真空ポンプで容器内の空気をぬいていった。これについて，あとの問いに答えなさい。　4点×6〔24点〕

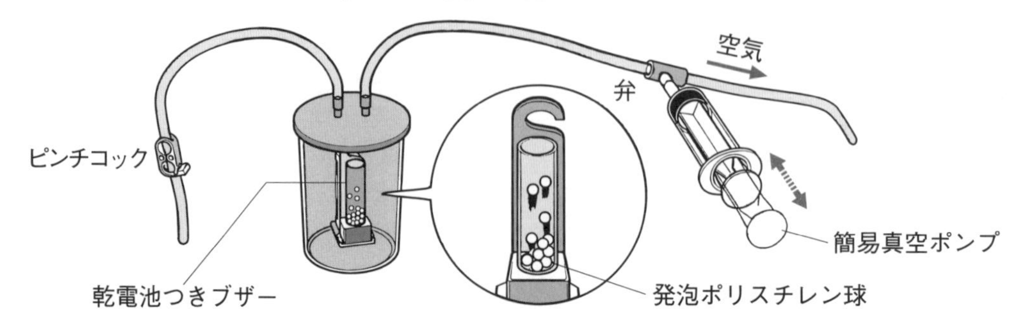

⑴　ブザーを作動させると，ブザーの振動板に接触している発泡ポリスチレン球が動いた。このことから，音は物体がどのようになっているときに発生していることがわかるか。
（　　　　　）

⑵　容器内の空気をぬいていくと，ブザーの音はどのようになっていくか。次の**ア**～**ウ**から選びなさい。　（　　）

ア　大きくなっていく。　**イ**　小さくなっていく。　**ウ**　変化しない。

⑶　⑵のとき，ブザーの振動板に接触している発泡ポリスチレン球はどのようになるか。次の**ア**，**イ**から選びなさい。　（　　）

ア　動き続けている。　**イ**　動かなくなっていく。

⑷　⑵の後，ピンチコックをはずして容器に空気を入れていった。ブザーの音はどのようになっていくか。⑵の**ア**～**ウ**から選びなさい。　（　　）

⑸　⑴～⑷の実験から，ブザーの音は何によって伝えられたと考えられるか。
（　　　　　）

⑹　音が⑸によって伝えられるときのように，振動が次々と伝わる現象を何というか。
（　　　　　）

2 音の伝わる速さについて調べるために，花火の光と音が伝わった時間を調べた。これについて，次の問いに答えなさい。　4点×3〔12点〕

⑴　地点**A**では，花火が見えた２秒後に音が聞こえた。このとき，音の速さは何m/sか。ただし，地点**A**から花火までの距離は690mである。　（　　　　　）

⑵　地点**B**では，花火が見えた3.6秒後に音が聞こえた。音の速さは⑴と同じとすると，地点**B**から花火までの距離は何mか。　（　　　　　）

⑶　地点**C**から花火までの距離は1500mである。音の速さが⑴と同じとすると，地点**C**では，花火が見えた何秒後に音が聞こえるか。四捨五入して小数第１位まで求めなさい。
（　　　　　）

3 モノコードを使って，音の大小や高低について調べた。これについて，次の問いに答えなさい。
5点×8〔40点〕

(1) 右の図は，モノコードの弦をはじいたときのようすである。図の矢印は何の大きさを表しているか。 (　　　　)

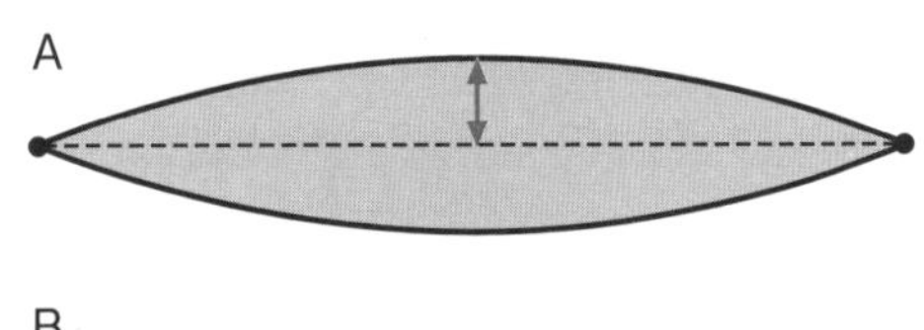

(2) 図のA，Bは弦の長さ，太さ，はり方をすべて同じにしてある。

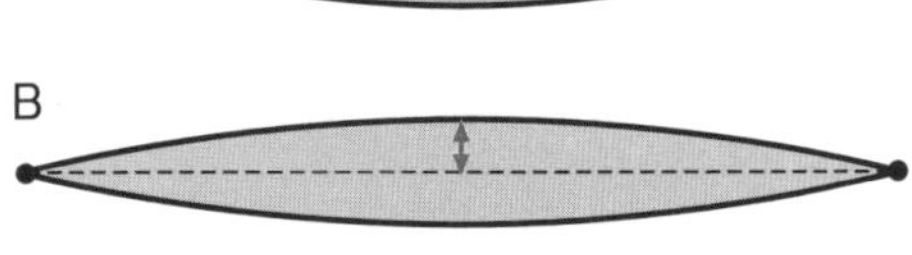

① A，Bでは，どちらのほうが大きな音を出しているか。次のア～ウから選びなさい。 (　　)

ア Aの弦　　イ Bの弦　　ウ どちらの弦も同じ

② A，Bでは，どちらのほうが高い音を出しているか。①のア～ウから選びなさい。 (　　)

(3) Aのモノコードの弦を次のように変えたとき，音はどのようになるか。

① 弦の長さを長くした。 (　　　　)

② 弦のはり方を強くした。 (　　　　)

(4) Aのモノコードをはじくとき，弦のはじき方を強くすると，音はどのようになるか。 (　　　　)

(5) 音の大きさは，弦の振動の何によって変わるか。 (　　　　)

(6) 音の高さは，弦の振動の何によって変わるか。 (　　　　)

よく出る **4** 右の図は，基準の音さをたたいて，音の波形をオシロスコープで表示したものである。これについて，次の問いに答えなさい。
4点×6〔24点〕

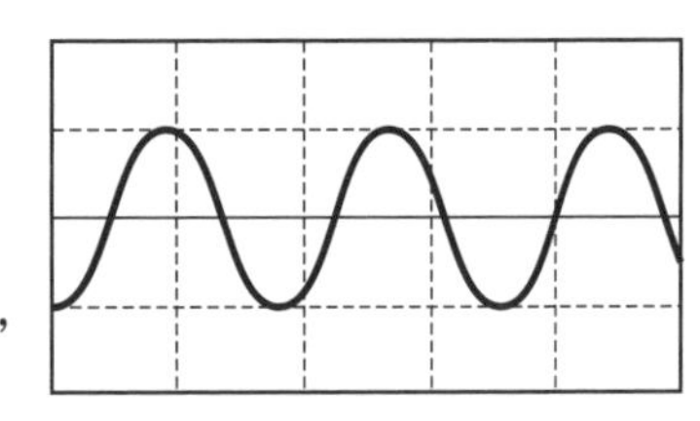

(1) 横軸，縦軸の方向はそれぞれ何を表しているか。

横軸(　　　　)

縦軸(　　　　)

(2) 同じ時間の範囲で調べたとき，波がたくさん見えるほど，何が多いことを表しているか。 (　　　　)

(3) 基準の音さと同じ音さをたたいたときの波形は，次の㋐～㋒のどれか。 (　　)

㋐

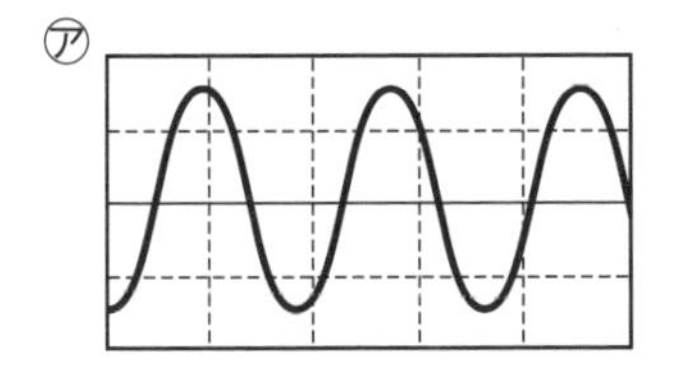

㋑

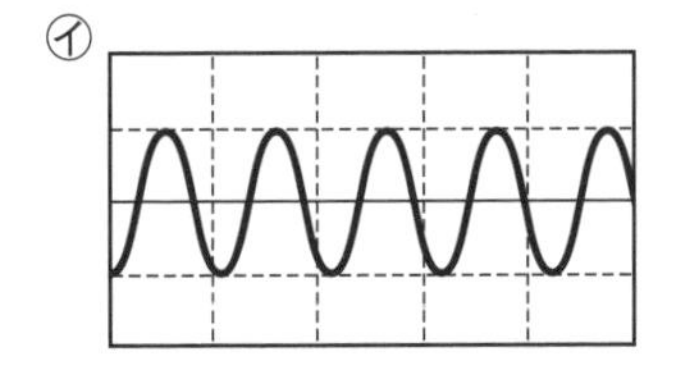

㋒

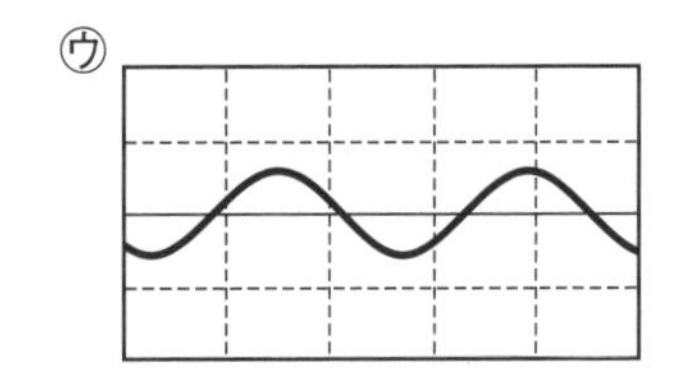

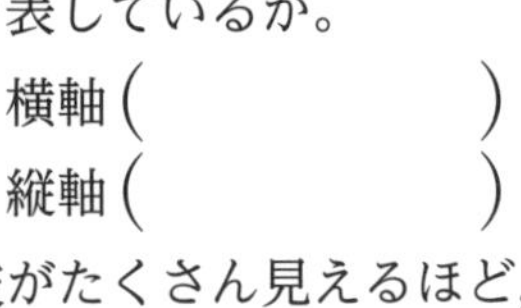

(4) (3)の㋐～㋒で，もっとも小さな音が出ているものはどれか。 (　　)

(5) (3)の㋐～㋒で，もっとも高い音が出ているものはどれか。 (　　)

3章　力による現象(1)

①変形
形を変えること。

②弾性力(弾性の力)
変形した物体がもとにもどろうとして生じる力。

③重力
地球が物体を，地球の中心に向かって引っぱる力。地球上のすべての物体にはたらく。

④磁力(磁石の力)
磁石どうしを近づけると，引き合ったりしりぞけ合ったりする力。

⑤電気力(電気の力)
プラスチックの下じきに紙などがくっついて持ち上げられるときにはたらく力。

⑥ニュートン
イギリスの科学者にちなんでつけられた力の大きさを表す単位。

テストに出る！ ココが要点　解答 p.14

① 力による現象

教 p.238～p.248

1 力のはたらき

(1)　力のはたらき
- 物体を(①　　　　)させる。
- 速さや向きなど，物体の動きを変える。
- 物体を支える。

2 いろいろな力

(1)　(②　　　　)　変形した物体がもとにもどろうとして生じる力。大きく変形するほど，弾性力は大きくなる。

(2)　(③　　　　)　地球から物体にはたらく，地球の中心に向かって引かれる力。地球上にあるすべての物体にはたらく。重さは，物体にはたらく重力の大きさのことである。

(3)　(④　　　　)　磁石の極と極の間にはたらく力。
- 同じ極どうし…しりぞけ合う力がはたらく。
- 異なる極どうし…引き合う力がはたらく。

(4)　(⑤　　　　)　プラスチックに紙などがくっつくときの力。

(5)　重力，磁力，電気力は，物体どうしが離れていてもはたらく。

3 力の大きさのはかり方

(1)　手がばねに加える力
手でばねをのばしたとき，ばねののびが，おもりがのばしたときと同じならば，手がばねに加えた力の大きさとおもりにはたらく重力の大きさは同じだといえる。力の大きさは，重力をもとに表すことができる。

図1

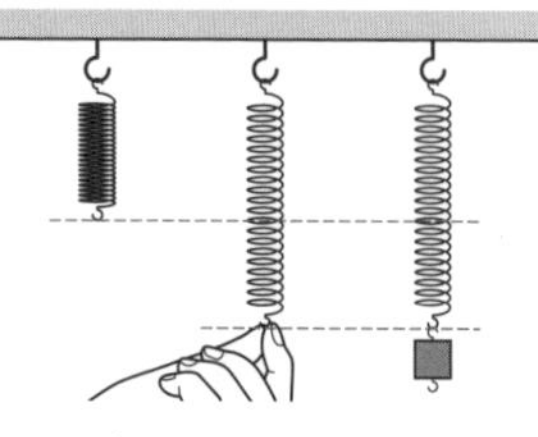

ばねののびが同じとき
手がばねに加えた力
＝おもりにはたらく
重力の大きさ

(2)　(⑥　　　　)　(記号N)
力の大きさを表す単位。約100gの物体にはたらく重力の大きさを1ニュートンという。

ココが要点の答えになります。

4 力の大きさとばねののび

(1) (⑦　　　　　)
ばねののびは，ばねを引く力の大きさに**比例する**という法則。

(2) 力の大きさとばねののびの関係をたしかめる

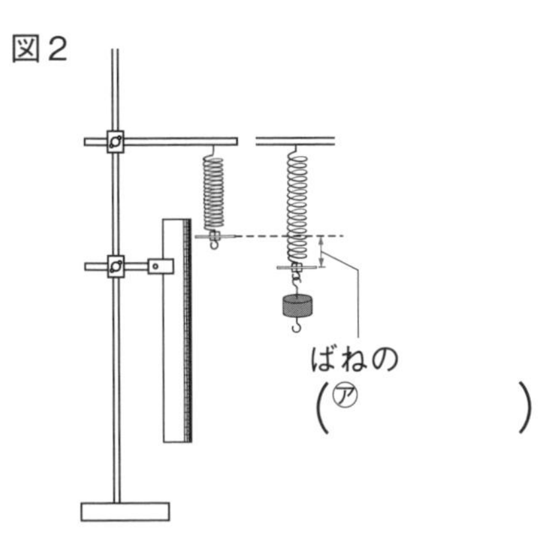

❶おもりをつるしていないばねに指標をつるし，ものさしの**0** cmの位置に合わせる。
❷ばねにおもりをつるしたときの，ばねののびを記録する。
❸測定値をグラフ用紙に**点(・)**で記入する。
❹点の並びぐあいを見て，**直線**か曲線かを判断する。
❺**誤差**（ごさ）を考えて，点がものさしの**上下で同じくらい**に散らばるように，**直線**を引く。

例
100gの物体にはたらく重力の大きさを1Nとする。
（おもりは1個10g）

おもりの数	0	1	2	3	4	5
ばねののび（cm）	0	5.3	10.1	16.0	20.4	26.5

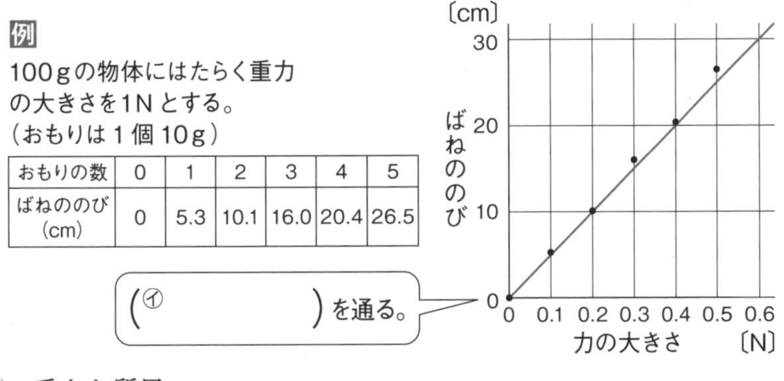

(3) 重さと質量
● 重さ…物体にはたらく重力の大きさを示し，**ばねばかり**や台ばかりではかる。はかる場所によって値が異なる。
● 質量…物体そのものの量を示し，**上皿てんびん**などではかる。はかる場所が変わっても質量の値は**変わらない**。

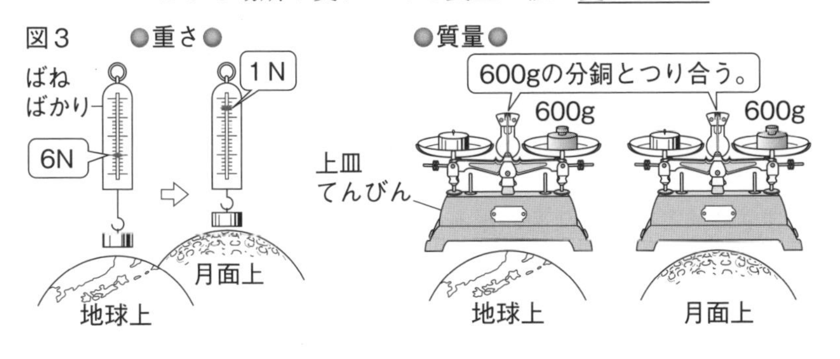

満点★ミッション

⑦**フックの法則**
ばねののびはばねを引く力の大きさに比例するという法則。グラフに表すと直線になり，直線は原点を通る。

実際ののびと測定したときの数値のちがいを誤差というよ。

ポイント
測定値の点(・)をそのままつなぐと折れ線になるが，誤差を考え，直線を引く。原点を通り，比例の式 $y=ax$ が成り立つ。

テストに出る！
予想問題　3章　力による現象(1)

30分
/100点

1 下の図は，物体に力がはたらくときに見られる現象である。これらの現象で，力はおもにあとのア〜ウのどのはたらきをしているか。それぞれ記号で答えなさい。　5点×4〔20点〕

①（　　）　②（　　）　③（　　）　④（　　）

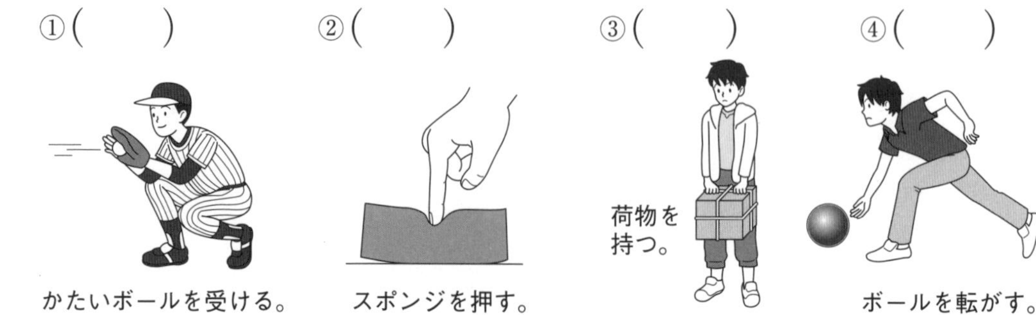

かたいボールを受ける。　スポンジを押す。　ボールを転がす。

ア　物体を支える。　イ　物体の動きを変える。　ウ　物体を変形させる。

よく出る **2** 下の図のように，ばねにおもりをつるしてばねを引く力の大きさとばねののびの関係を調べた。これについて，あとの問いに答えなさい。ただし，100gの物体にはたらく重力の大きさを1Nとする。　5点×6〔30点〕

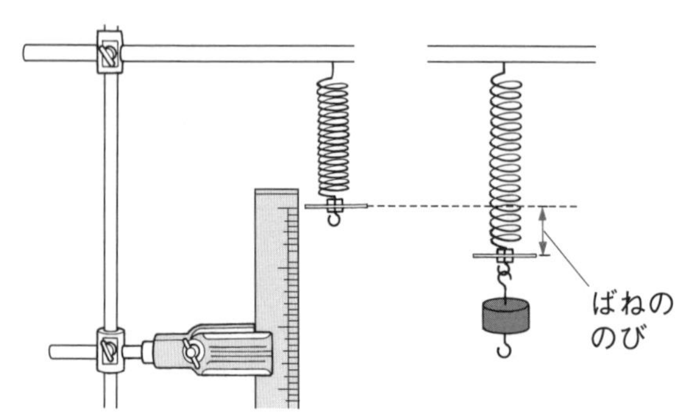

おもりの質量〔g〕	0	40	80	120	160	200
ばねののび〔cm〕	0	2.0	3.9	6.0	8.1	10.0

(1)　力の大きさの単位であるNを何と読むか。　（　　）

(2)　120gのおもりにはたらく重力の大きさは何Nか。　（　　）

作図 (3)　縦軸にばねののび〔cm〕，横軸にばねを引く力の大きさ〔N〕の目盛りをとり，表の結果を右のグラフに表しなさい。

(4)　ばねののびと力の大きさにはどのような関係があるか。　（　　）

(5)　(4)のような関係を何の法則というか。　（　　）

(6)　おもりのかわりに，手でばねを引いた。ばねののびが16cmになったとき，手がばねを引く力は何Nか。　（　　）

3 2種類のばねA，Bを用意して，図1のように，ばねに1個20gのおもりをいくつかつるし，ばねを引く力の大きさとばねののびを調べた。図2は，このときの結果を表したものである。これについて，あとの問いに答えなさい。ただし，100gの物体にはたらく重力の大きさを1Nとする。

6点×5〔30点〕

図1

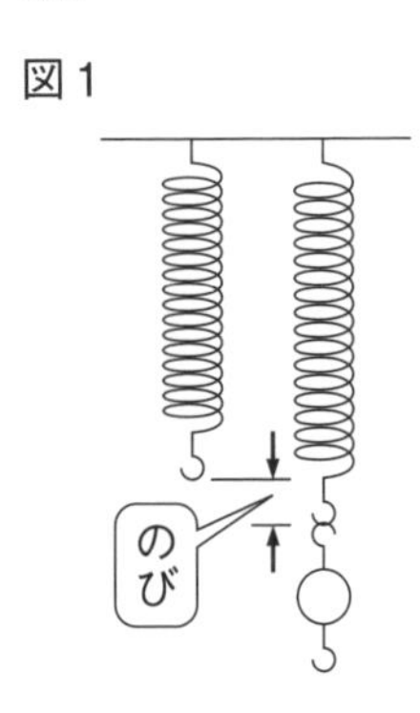

図2

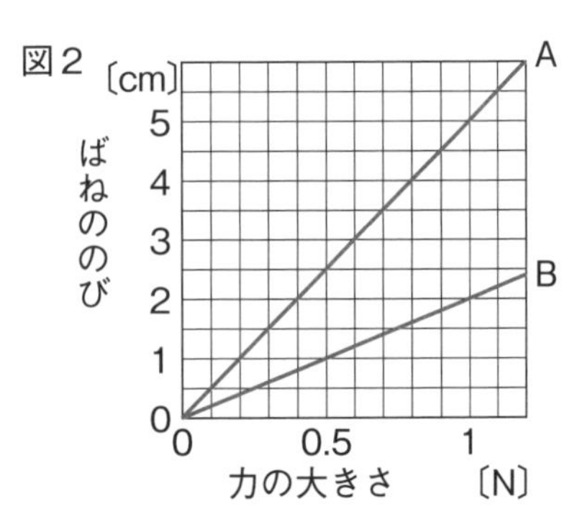

(1) ばねAとばねBのうち，同じ大きさの力に対して，どちらのばねのほうがのびは大きいか。 (　　　　)

(2) ばねAにおもりを5個つるしたとき，ばねAに加わる力は何Nになるか。 (　　　　)

(3) (2)のとき，ばねAののびは何cmになるか。 (　　　　)

(4) ばねBののびが5cmであるとき，ばねBに加わっている力は何Nか。 (　　　　)

(5) (4)のとき，ばねBにつるされたおもりの全体の質量は何gか。 (　　　　)

4 300gの物体の質量と重さを，地球上と月面上で上皿てんびんとばねばかりを使ってはかった。月面上の重力が，地球の$\frac{1}{6}$であるときの，物体の質量と重さは，地球上と月面上でそれぞれいくらか。ただし，100gの物体にはたらく重力の大きさを1Nとする。

5点×4〔20点〕

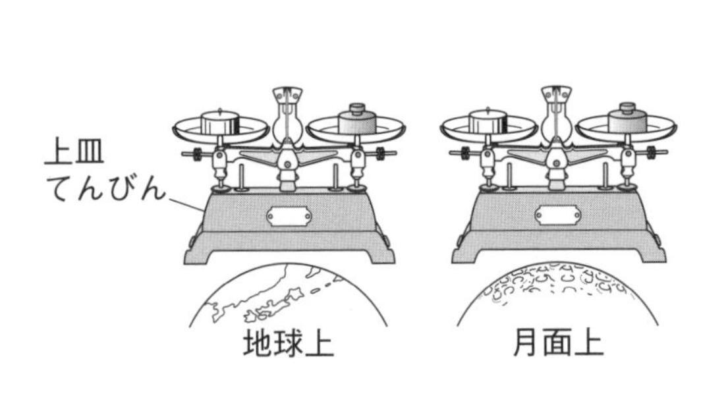

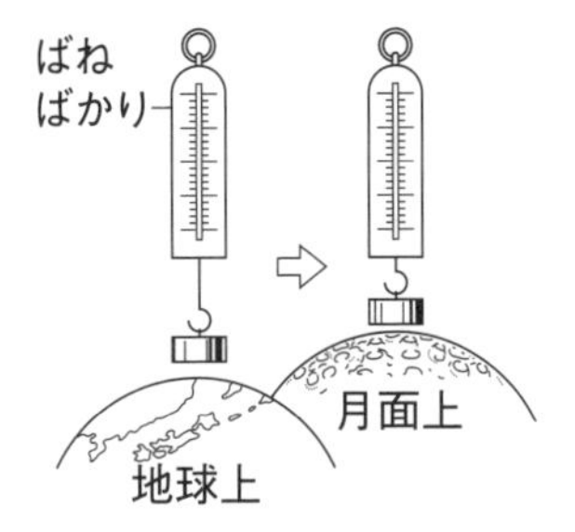

質量：地球上(　　　　)　月面上(　　　　)
重さ：地球上(　　　　)　月面上(　　　　)

3章 力による現象(2)

①作用点
力の三要素のうち，力がはたらく点のこと。

②力の大きさ
矢印を使って力を表すとき，矢印の長さで表す力の要素。

ミス注意！
物体を手で押すとき，手のひら全体で力を加えるが，矢印で表すときは，面の中心を作用点として，1本の矢印でかく。

ミス注意！
物体にはたらく重力は，物体全体にはたらくが，矢印で表すときは，物体の中心を作用点として，1本の矢印でかく。

テストに出る！ ココが要点 解答 p.15

① 力の表し方 教 p.249～p.255

1 力の表し方

(1) 力の三要素
- (①　　　　　)
  力がはたらく点
- 力の大きさ
- 力の向き

図1

力の大きさ

(㋐　　　　　)(㋑　　　　　)

(2) 矢印を使った力の表し方
❶作用点(物体と指が接する点)を・で示す。
❷矢印を作用点から力がはたらいている向きにかく。
❸矢印の長さを，(②　　　　　)に比例させてかく。

(3) 面にはたらく力や重力の表し方
- 面にはたらく力は，面の中心を作用点としてかく。
- 重力は，物体の中心を作用点としてかく。

図2

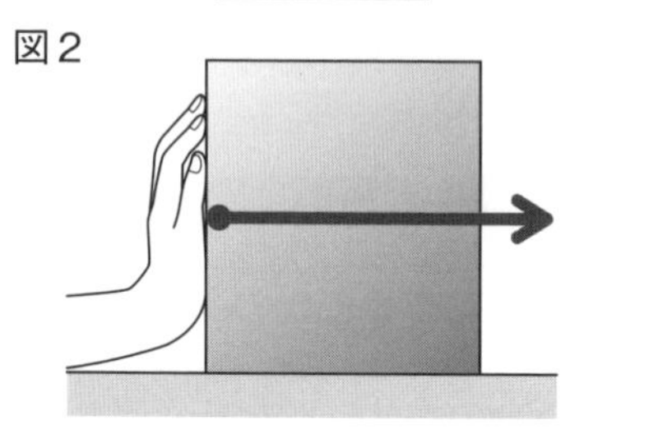

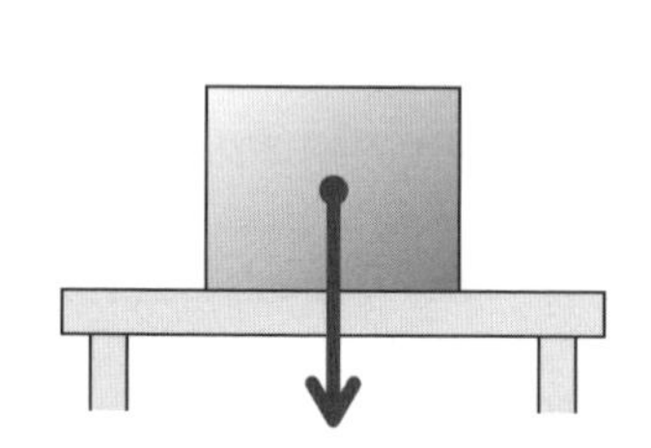

(4) 物体にはたらく力を矢印で表すときの手順
❶どの物体にはたらく力を考えるのか，はっきりさせる。
❷物体にはたらいている力と，その作用点を見つける。
❸物体の動きや支えられている向きを考えて，力の矢印の向きを決める。
❹力の大きさに比例した長さの矢印をかく。

例

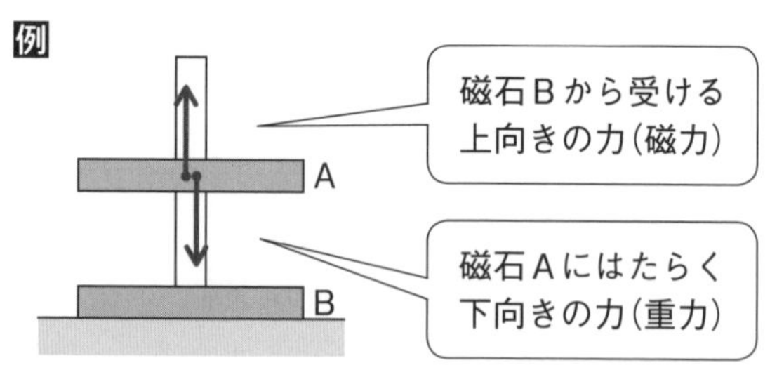

ココが要点の答えになります。

2 1つの物体に2つの力がはたらくとき

(1) (③　　　　　) 2力がはたらいていても，物体が静止したままの状態。つり合うためには，次の3つの条件が必要である。

- 2力の大きさが等しい。
- 2力の向きが反対である。
- 2力は同一直線上にある。(作用線が一致する。)

図3●力のつり合い●

引き合う力の大きさは等しく，向きは反対向きである。

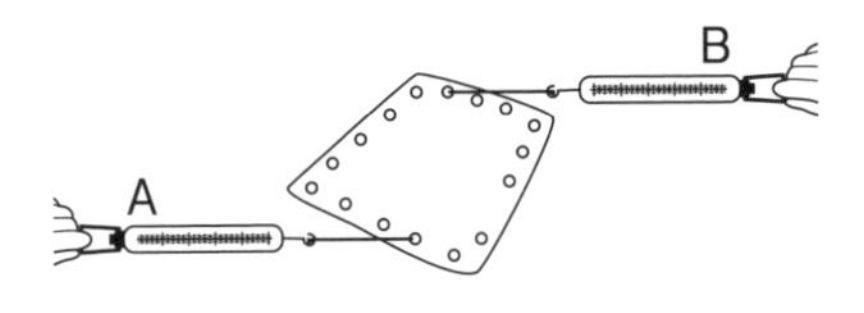

物体にはたらく2力が一直線上にない場合，物体に2力がはたらくと，物体が回転して，同一直線上になる。

(2) (④　　　　　) 物体どうしがふれ合う面で，物体を動かそうとする向きと反対向きにはたらく力。

(3) (⑤　　　　　) 物体が面を押すとき，面が物体に対して垂直に同じ大きさで押し返す力。机の上に置かれた本の場合，本にはたらく重力と同じ大きさの垂直抗力が机から本にはたらくため，本は動かない。

図4

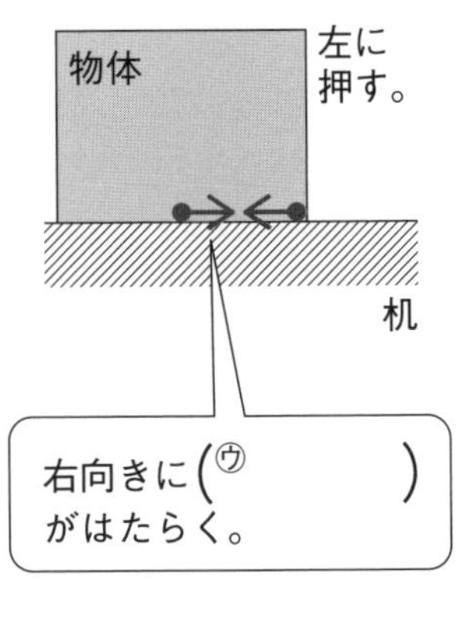

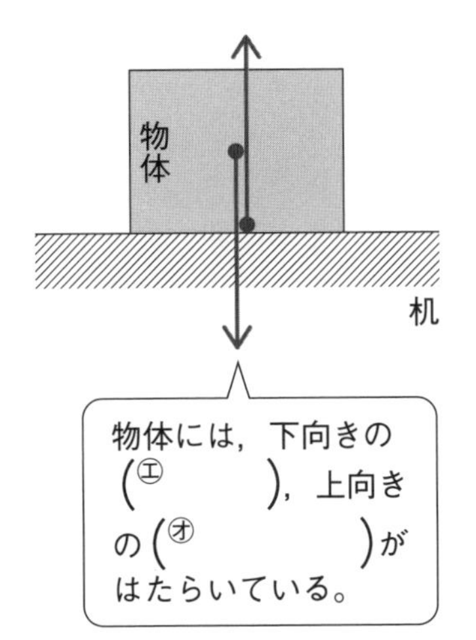

垂直抗力は，机などの上に物体が置いてある場合だけでなく，かべに手をついたり，よりかかったりしたときにもはたらいている。

満点★ミッション

③つり合っている
1つの物体に，2つ以上の力がはたらいていても，その物体が静止しているときの力の関係。

④摩擦力(まさつりょく)
物体どうしがふれ合う面で，物体の動きを止める向きにはたらく力。

⑤垂直抗力(すいちょくこうりょく)
机の上に物体を置いたり，いすにすわったりしたときに物体や人を支えてくれる力。

ポイント
物体にはたらく重力の大きさがわかれば，物体にはたらく垂直抗力の大きさも求めることができる。

テストに出る！
予想問題　3章　力による現象(2)

30分　/100点

1 右の図１は，指が物体を押す力を矢印で示したものである。図２は，200gの物体を糸でつるしたものである。これについて，次の問いに答えなさい。　4点×4〔16点〕

(1) 図１の㋐の点，㋑の矢印の長さ，㋒の矢印の向きは，力の三要素のうち，それぞれ何を表しているか。

㋐(　　　　　)
㋑(　　　　　)
㋒(　　　　　)

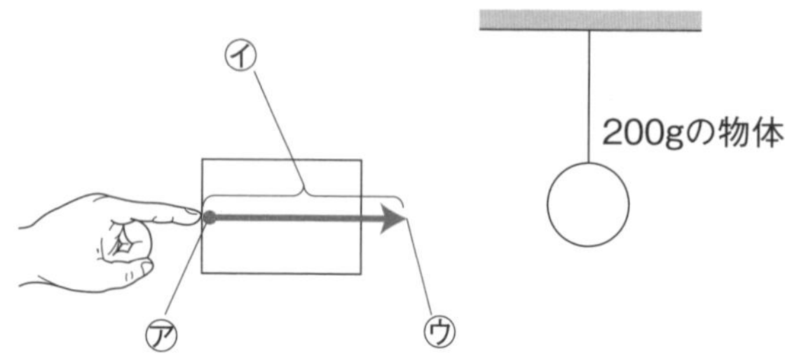

作図 (2) 図２の物体にはたらく重力を力の矢印で表しなさい。ただし，100gの物体にはたらく重力の大きさを１Nとし，１Nの力を１cmの長さで表すものとする。

2 次の図のように厚紙に穴をあけ，糸を通し，ばねばかりA，Bをとりつけ，２力がつり合うための条件を調べる実験を行った。あとの問いに答えなさい。　5点×6〔30点〕

❶ ばねばかりA，Bを両側から水平に引く。
❷ 厚紙が動かなくなったとき，「ばねばかりA，Bが示す力の大きさ」「糸A，Bをとりつけた穴の位置」「糸A，Bの真下の１点」を記録する。

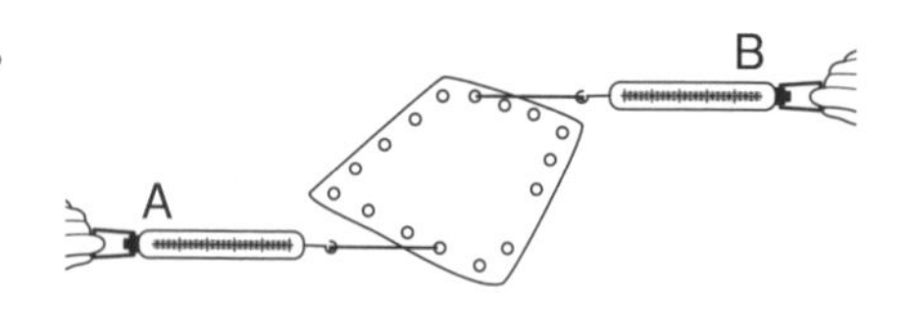

❸ 厚紙とばねばかりをとり除き，❷で記録した点をもとに，糸A，Bをとりつけた穴を作用点として力の矢印をかく。(１Nの力を１cmで表す)
❹ 糸A，Bをとりつける位置を変えて，❶〜❸をくり返す。
❺ ばねばかりを引いていても厚紙が動かない状態から，手で厚紙を回転させて，手をはなす。

(1) ❷で，ばねばかりAが２Nを示すとき，ばねばかりBが示す値は何Nか。
(　　　　　)

(2) ❸で，２つの矢印は，どのような位置関係になっているか。(　　　　　)

(3) ❺で，厚紙から手をはなしたあと，厚紙はどうなるか。
(　　　　　)

記述 (4) (1)〜(3)より，２つの力がつり合う条件を３つ書きなさい。
(　　　　　)
(　　　　　)
(　　　　　)

作図 **3** 次の図1～4では，物体にはたらく2力がつり合っている。(1)～(4)について，物体にはたらく力を，●を作用点として矢印でかき入れ，その力の大きさと名前をそれぞれ答えなさい。ただし，力の名前は，下の〔　〕から選び，同じものを何回選んでもよいものとする。また，100gの物体にはたらく重力の大きさを1Nとし，図1～4の方眼の1目盛りは1Nを表すものとする。

3点×18〔54点〕

〔　弾性力　　重力　　磁力　　電気力　　摩擦力　　垂直抗力　〕

(1)　天井からつり下げたばねに，200gのおもりをつり下げた。

①　地球がおもりを引く力

力の矢印（　図1に記入　）
力の大きさ（　　　　　　）
力の名前（　　　　　　）

②　ばねがおもりを引く力

力の矢印（　図1に記入　）
力の大きさ（　　　　　　）
力の名前（　　　　　　）

図1

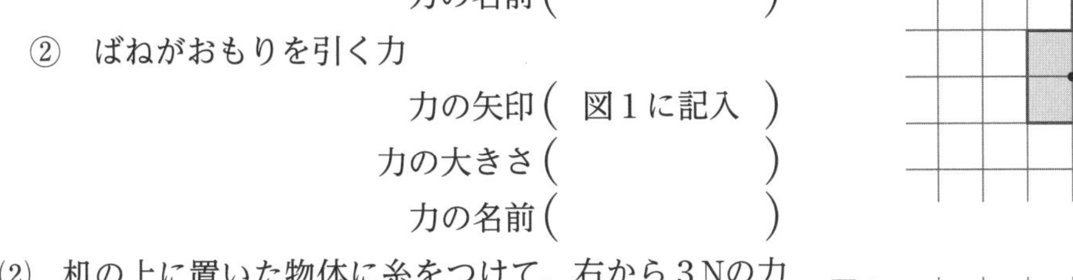

(2)　机の上に置いた物体に糸をつけて，右から3Nの力で糸を引いても，物体は動かなかった。

物体の動きを止めようとする力

力の矢印（　図2に記入　）
力の大きさ（　　　　　　）
力の名前（　　　　　　）

図2

(3)　机の上に500gの本を置いた。

①　地球が本を引く力

力の矢印（　図3に記入　）
力の大きさ（　　　　　　）
力の名前（　　　　　　）

②　机から本にはたらく力

力の矢印（　図3に記入　）
力の大きさ（　　　　　　）
力の名前（　　　　　　）

図3

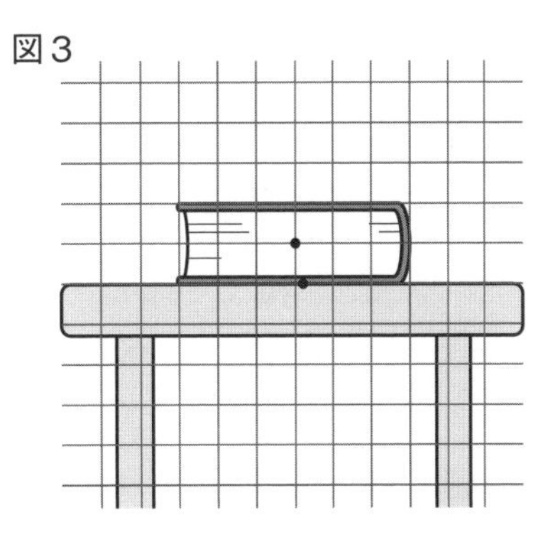

(4)　本だなに入れた本を，左から2Nの力で押しても，本は動かなかった。このとき，本だなの板の表面はなめらかで，本には摩擦力ははたらかないものとする。

本が本だなから受ける力

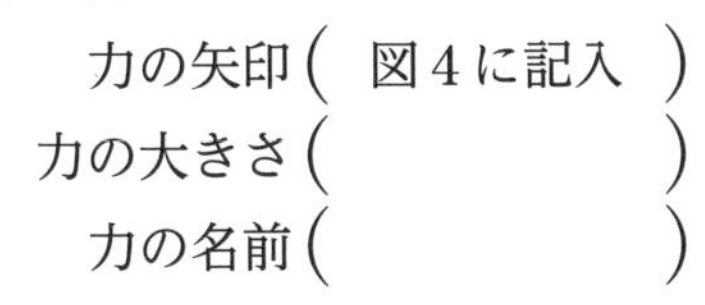

力の矢印（　図4に記入　）
力の大きさ（　　　　　　）
力の名前（　　　　　　）

図4

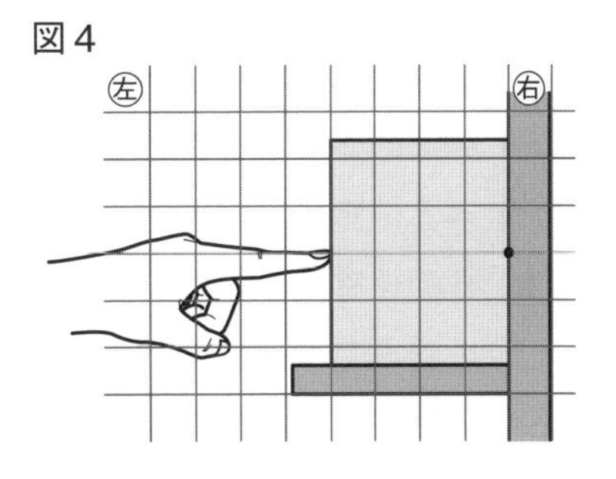

解答 p.16

巻末特集

教科書で学習した内容の問題を解きましょう。

① 実験操作の注意点 教 p.130〜p.137

実験の基礎操作について，次の問いに答えなさい。

(1) 液を試験管に入れるとき，液は試験管のどのくらいの量を入れるか。

(　　　　　)

(2) 実験で発生した気体や薬品のにおいをかぐときは，どのようにかぐとよいか。

(　　　　　　　　　　　　　　　　　)

(3) 右の図のような装置で蒸留を行った場合，加熱をやめる前に，ガラス管が液体につかっていないことを確認しなければならない。その理由を答えなさい。

(　　　　　　　　　　　　　　　　　)

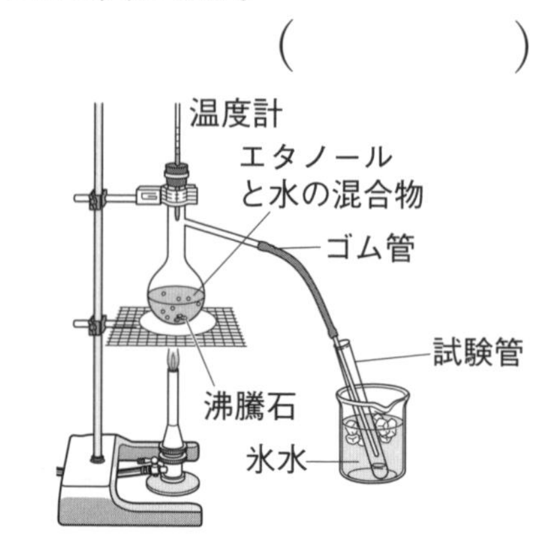

② 密度 教 p.149

ある金属の質量を上皿てんびんではかると，図１の分銅とつり合った。次に，水を入れたメスシリンダーで金属の体積をはかると，水面は図２のようになった。これについて，あとの問いに答えなさい。

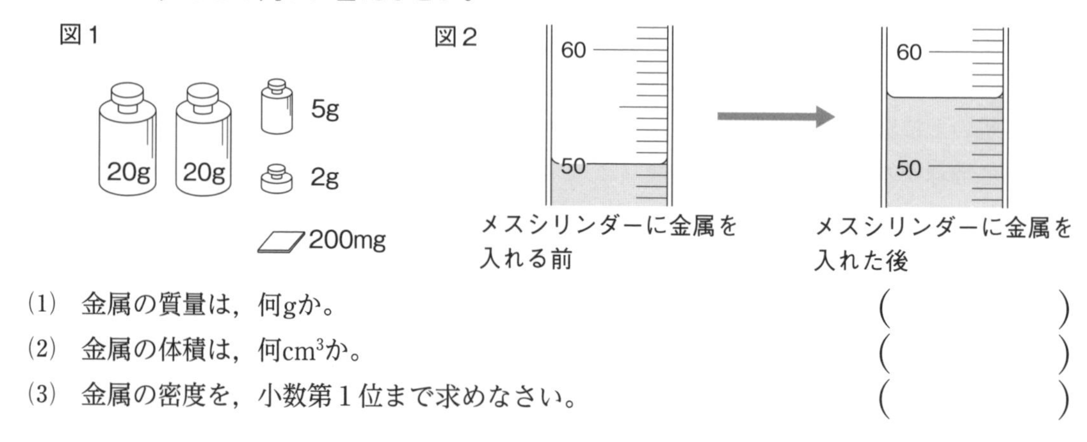

(1) 金属の質量は，何gか。 (　　　　　)

(2) 金属の体積は，何cm^3か。 (　　　　　)

(3) 金属の密度を，小数第１位まで求めなさい。 (　　　　　)

③ 鏡に映る物体 教 p.211

右の図のように，Ａの位置に置いた物体の像を，Ｂの位置から見た。これについて，次の問いに答えなさい。

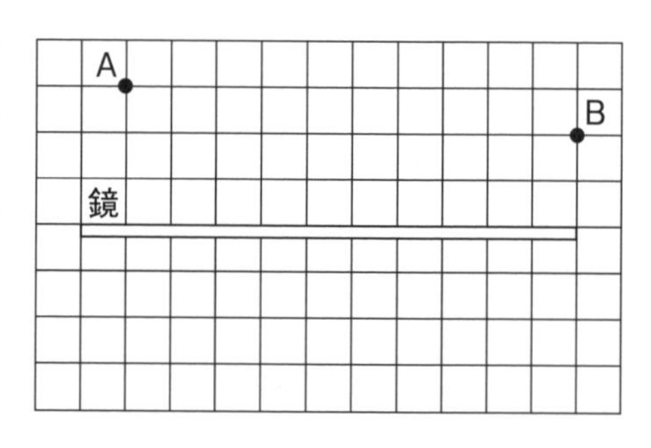

(1) 物体の像は，どこにできるか。右の図に，像ができる位置に×印をかきなさい。

(2) Ｂの位置から物体の像を見たとき，光はどのように進んで目に入るか。光の道すじを右の図にかきなさい。ただし，作図に使った線も残しておくこと。

中間・期末の攻略本

取りはずして使えます！

解答と解説

啓林館版　理科1年

生命　いろいろな生物とその共通点

自然の中にあふれる生命
１章　植物の特徴と分類(1)

p.2～p.3　ココが要点

①双眼実体顕微鏡　②対物レンズ
③反射鏡　④プレパラート　⑤レボルバー
㋐接眼　㋑対物　㋒反射鏡
⑥分類
⑦やく　⑧柱頭　⑨胚珠　⑩被子植物　⑪種子
㋓柱頭　㋔やく　㋕種子　㋖果実
⑫裸子植物　⑬種子植物
㋗胚珠　㋘花粉のう

p.4～p.5　予想問題

1 (1)ルーペ　(2)花　(3)ア
2 (1)A…接眼レンズ　B…レボルバー
C…対物レンズ　D…ステージ
E…しぼり　F…反射鏡
(2)エ→イ→ウ→ア
(3)400倍　(4)㋔
(5)①ミジンコ　②ミカヅキモ
③ゾウリムシ
3 (1)①クワガタ，サクラ
②フナ，サワガニ
③コンブ，マグロ
(2)生活場所
4 (1)㋐柱頭　㋑やく　㋒胚珠　㋓子房
㋔種子　㋕果実
(2)離弁花　(3)㋑　(4)受粉
(5)㋕　(6)㋒　(7)被子植物
5 (1)㋐雌花　㋑雄花
(2)㋒胚珠　㋓花粉のう　㋔種子　㋕花粉
(3)裸子植物
(4)種子植物

解説

1 (2)ルーペは目に近づけたまま使う。観察するものが動かせるときは観察するものを動かし，動かせないときは自分が観察するものに近づいたり離れたりしてピントを合わせる。ルーペを目に近づけることにより，観察するもの以外が目に入らなくなり，観察したいものが見やすくなる。

2 (1)目に近いほうのレンズを接眼レンズ，ものに近いほうのレンズを対物レンズという。
(2) ミス注意！ レンズは，接眼レンズ，対物レンズの順につけたあと，視野全体を明るくするために反射鏡としぼりを調節する。次にプレパラートをステージにのせて，横から見ながら調節ねじを回して対物レンズとプレパラートを近づける。最後に，対物レンズとプレパラートを離す方向に調節ねじを回して，ピントを合わせる。
(3)顕微鏡の拡大倍率
＝接眼レンズの倍率×対物レンズの倍率
よって，$10 \times 40 = 400$〔倍〕
(4) ミス注意！ 顕微鏡では，上下左右が逆に見えているので，観察したいものを動かしたい向きと反対の向きにプレパラートを動かす。

3 地球上には数千万種類の生物がいるといわれている。そのうちの約190万種類が発見されており，観点，基準でなかま分けされ，分類されている。多様な生物を分類・整理することで，生物への理解をより深めることができる。

4 (3)(4)おしべのやくでつくられた花粉が，めしべの柱頭につくことを受粉という。
(5) ポイント 受粉すると，子房は果実に，胚珠は種子になる。
(6)㋖はアブラナの胚珠である。

5 (1)(2)マツには雄花と雌花がある。雄花のりん片にある花粉のうから出た花粉が，雌花のりん片にある胚珠に直接つくことで受粉する。受粉すると雌花は成長して，1年以上かけてまつかさになり，胚珠は種子になる。

p.6～p.7 予想問題

1 (1)A…接眼レンズ　B…視度調節リング
C…微動ねじ
(2)イ→ウ→ア

2 (1)㋐ひれ　㋑あし
(2)A…マグロ　B…アリ　C…サル
D…アサガオ

3 (1)㋐柱頭　㋗子房
(2)受粉
(3)①虫媒花　②鳥媒花　③風媒花
(4)果実…㋗　種子…㋖

4 (1)A　(2)A
(3)㋐胚珠　㋑花粉のう
(4)ウ　(5)裸子植物

解説

1 双眼実体顕微鏡は見たいものを，プレパラートをつくらず，低倍率で立体的に見ることができる。両眼で見るため，鏡筒は目の幅に合わせる。さらに右目からピントを合わせ，最後に，視度調節リングで左目のピントを合わせる。

2 10種類の生物は，まず，移動する動物と移動しない植物とに分類される。移動する動物のうち，水中で生活するフナやマグロはひれで移動する。

3 (3)虫媒花や鳥媒花は，虫や鳥によって花粉を運んでもらうため，目立つように鮮やかな花弁やにおいのある花，蜜(みつ)をもつ。一方，動物を引きつけるような花弁などをもたない花は風によって花粉が運ばれることが多く，風媒花という。

4 (3)花粉は，㋑の花粉のうに入っている。受粉後，㋐の胚珠が種子になる。
(4)マツには子房がないので，果実はできない。

1章　植物の特徴と分類(2)

p.8～p.9 ココが要点

①単子葉類　②双子葉類　③平行脈　④ひげ根
⑤網状脈　⑥主根　⑦側根　⑧根毛
㋐平行脈　㋑網状脈　㋒ひげ根　㋓側根
⑨胞子　⑩シダ植物　⑪胞子のう　⑫コケ植物
⑬仮根　⑭雌株
㋔胞子　㋕仮根　㋖胞子のう
㋗被子植物
㋘双子葉類　㋙シダ植物

p.10～p.11 予想問題

1 (1)A…双子葉類　B…単子葉類
(2)①網状脈　②平行脈
(3)③主根　④側根　⑤ひげ根
(4)名称…根毛
生えている部分…根の先端

2 (1)茎…㋑　根…㋒　葉…㋐
(2)胞子　(3)胞子のう　(4)シダ植物

3 (1)B　(2)胞子のう　(3)胞子
(4)名称…仮根
はたらき…体を地面などに固定するはたらきをしている。
(5)コケ植物

4 (1)種子植物　(2)胞子
(3)胚珠が子房の中にあるか，子房がなく胚珠がむきだしになっているか。
(4)花弁が1枚1枚離れているか，1つにくっついているか。

解説

1 (1)～(3)被子植物には，子葉が1枚の単子葉類と子葉が2枚の双子葉類がある。単子葉類は，葉脈が平行脈（②）で，たくさんの細いひげ根（⑤）をもつ。双子葉類は，葉脈が網状脈（①）で，根は1本の太い主根（③）と細い側根（④）でできている。
(4)根毛は根の先端に毛のようにたくさん生えていて，土とふれる面積をふやし，水や養分の吸収をよくしている。

2 イヌワラビはシダ植物で，種子植物と同じように葉，茎，根の区別がある。茎は土の中にあるものが多く，地表には葉だけが出ているように見える。

3 (1)〜(3)ゼニゴケには雄株と雌株があり，Aが雄株，Bが雌株である。雌株には胞子のうがあり，胞子のうの中で胞子ができる。

(4)(5) ミス注意！ コケ植物には，葉，茎，根の区別はなく，根のように見える㋒の部分は仮根といい，体を地面などに固定するはたらきをしている。

参考 水や養分は，体の表面からとり入れている。

4 植物は大きく分けると，㋐の種子でふえる植物と㋑の種子をつくらない（胞子でふえる）植物に分けられる。種子をつくる種子植物はさらに，子房のある被子植物と子房のない裸子植物に分けられる。被子植物はさらに，双子葉類と単子葉類に分けられる。

種子をつくらない植物には，シダ植物やコケ植物がある。シダ植物は種子植物と同じように緑色の葉があり，葉，茎，根の区別がある。コケ植物は，葉，茎，根の区別がない。根のようなものは仮根といい，体を地面などに固定するはたらきをしている。

2章 動物の特徴と分類

p.12〜p.13 ココが要点

①肉食動物 ②草食動物 ③脊椎動物 ④えら
⑤肺 ⑥胎生 ⑦卵生
⑧無脊椎動物 ⑨節足動物 ⑩外骨格
⑪昆虫類 ⑫甲殻類

p.14〜p.15 予想問題

1 (1)脊椎動物
(2)①フナ ②カエル ③トカゲ ④カモ
(3)フナ
(4)区切り…㊁
フナをふくむグループ…卵生
フナをふくまないグループ…胎生
(5)フナ…魚類 カエル…両生類
トカゲ…は虫類 カモ…鳥類
シマウマ…哺乳類

2 ライオンの目
…立体的に見える範囲が広く，獲物との距離をはかってとらえるのに適している。
シマウマの目
…広範囲を見わたすことができ，肉食動物が背後から近づいてくることを早く知ることができる。

3 (1)無脊椎動物 (2)節足動物 (3)外骨格
(4)バッタ…昆虫類 ザリガニ…甲殻類
(5)外とう膜 (6)軟体動物
(7)バッタのなかま…チョウ，トンボ
ザリガニのなかま…カニ，ダンゴムシ

4 ①A〜B ②E〜F ③A〜F ④F〜H
⑤F〜G

解説

1 (1) ポイント 背骨をもつ動物を脊椎動物といい，魚類，両生類，は虫類，鳥類，哺乳類の5つのなかまに分けられる。

(2)①魚類や両生類は殻のない卵を水中に産み，は虫類は弾力のある殻をもつ卵を陸上に産む。鳥類はかたい殻をもつ卵を陸上に産み，ふ化するまで親が卵をあたためる。哺乳類は，子宮内である程度成長した子を生む。

②魚類はえらで呼吸する。両生類は子のときは水中で生活しているため，えらや皮膚で呼吸し，

親になるとおもに陸上や水辺で生活するため，肺や皮膚で呼吸する。は虫類，鳥類，哺乳類は肺で呼吸する。
③④魚類やは虫類の体表はうろこでおおわれている。両生類の体表はうすい皮膚でおおわれ，つねに湿っている。鳥類の体表は羽毛で，哺乳類の体表は毛でおおわれている。
⑶魚類の多くは子を育てないので，１回に産む卵の数がとても多いが，ほかの生物の食物になってしまい，親になるまで育つ数は少ない。それに対して，子を育てる哺乳類は１回に産む子の数が少ない。
⑷魚類，両生類，は虫類，鳥類は卵生，哺乳類は胎生である。

2 ライオンは目が顔の正面についているため，獲物（えもの）までの距離を正確にとらえることができる。するどい犬歯は獲物をとらえ，臼歯は獲物の皮膚や肉をさいて骨をくだくのに適している。かぎ爪は，素早く走り，獲物をとらえるのに適しているが，長距離を走るのは苦手である。一方，シマウマは目が顔の横についているため，広範囲を見わたすことができ，背後から近づく肉食動物を早く知ることができる。分厚いひづめは長距離を走るのに適している。

3 ⑴～⑶背骨のない動物を無脊椎動物という。無脊椎動物のうち，外骨格をもち，体やあしが多くの節に分かれている動物を節足動物という。
⑷節足動物のうち，バッタのように，体が頭部，胸部，腹部に分かれていて，胸部に３対のあしがある動物のなかまを昆虫類といい，ザリガニのなかまを甲殻類という。
⑸⑹無脊椎動物のうち，二枚貝やイカのように，内臓を外とう膜がおおっている動物のなかまを軟体動物という。

4 ②子が生まれるのは，ウマ（哺乳類）だけである。
③背骨をもつのは脊椎動物の特徴である。
④昆虫類，甲殻類，クモのなかま，ムカデのなかまなどは，体やあしに節のある節足動物である。
⑤体が頭部，胸部，腹部に分かれ，胸部に３対のあしがあるのは昆虫類の特徴である。

地球　活きている地球

１章　身近な大地
２章　ゆれる大地

p.16～p.17 ココが要点

①プレート　②隆起　③沈降　④しゅう曲
⑤断層　⑥露頭　⑦震源　⑧震央
㋐正　㋑逆
⑨初期微動　⑩主要動　⑪初期微動継続時間
⑫震度　⑬マグニチュード

p.18～p.19 予想問題

1 ⑴初期微動　⑵主要動
⑶初期微動継続時間
⑷Y
⑸X
⑹Y地点のほうが地震計の振れ幅が大きいから。
⑺震源距離が長いほど，初期微動継続時間が長くなるから。（Aの長さはY地点よりX地点のほうが長いから。）
⑻㋐…震源　㋑…震央

2 ⑴震度　⑵10階級
⑶異なることがある。
⑷マグニチュード

3 ⑴X…P波　Y…S波
⑵X…6.3km/s　Y…4.2km/s
⑶10秒

4 ⑴a　⑵イ　⑶断層
⑷①大陸　②海洋　③津波

解説

1 ⑴⑵ ミス注意！ はじめの小さなゆれを初期微動，続いてはじまる大きなゆれを主要動という。
⑶Aを伝える波（P波）とBを伝える波（S波）は，同時に発生するが，伝わる速さがP波のほうが速いため，Aのゆれ（初期微動）が先にはじまり，S波が届くまで初期微動が続く。P波が届く時間とS波が届く時間の差は初期微動が続いている時間であり，初期微動継続時間という。初期微動継続時間は，震源距離が長くなるほど長くなる。
⑷⑹地震計の記録から，Y地点のほうが地震計の線の振れ幅が大きいため，地震によるゆれは

Y地点のほうが大きいことがわかる。

(5)(7)Aの長さは初期微動継続時間であり，震源距離が長いほど長くなる。Aの長さはY地点よりX地点のほうが長い。

2 (1)(2)ある地点での地震のゆれの大きさは，震度で表される。現在，震度は0，1，2，3，4，5弱，5強，6弱，6強，7の10階級に分けられている。

(参考) 1996年9月以前は，0，1，2，3，4，5，6，7の8階級であったが，その後，5弱，5強，6弱，6強が加えられ10階級になった。

(3)震度はその地点でのゆれの大きさなので，震源からの距離が同じ地点で必ずしも震度が同じになるとはかぎらない。震度は，地下の岩石のかたさやつくりなどが関係している。

(4)地震の規模の大きさはマグニチュード（M）で表される。震源の場所が同じでマグニチュードの異なる地震が発生したとき，マグニチュードの大きい地震のほうが，遠くまでゆれが伝わり，震度が大きい範囲も広くなる。マグニチュードが1ふえると地震のエネルギーは約32倍，2ふえると1000倍になる。

3 (2)速さは，距離÷時間で求められる。Xのゆれ（初期微動）は125kmを20秒で伝わっているので，

$$\frac{125\,〔\mathrm{km}〕}{20\,〔\mathrm{s}〕} = 6.25\,〔\mathrm{km/s}〕$$

よって，小数第2位を四捨五入して，6.3km/s

Yのゆれ（主要動）は，125kmを30秒で伝わっているので，

$$\frac{125\,〔\mathrm{km}〕}{30\,〔\mathrm{s}〕} = 4.16\cdots〔\mathrm{km/s}〕$$

よって，小数第2位を四捨五入して，4.2km/s

(3)小さなゆれがはじまったのが地震発生から20秒後，大きなゆれがはじまったのが地震発生から30秒後なので，

$$30〔\mathrm{s}〕 - 20〔\mathrm{s}〕 = 10〔\mathrm{s}〕$$

(参考) 岩石が破壊されて地震が起きると，P波，S波が同時に発生し，その振動がまわりに伝わっていく。

4 (1)(2)日本列島付近では海洋プレート（太平洋プレート，フィリピン海プレート）が押し寄せ，大陸プレート（北アメリカプレート，ユーラシアプレート）の下に沈みこんでいる。そのため，プレートの境界で起こる地震の震源の分布は太平洋側では浅く，大陸側にいくにしたがって深くなる。

(3) (参考) 断層には，両側に引っ張られるような力がはたらいてできる正断層，両側から押されるような力がはたらいてできる逆断層などがある。

(4)日本列島の地震には海溝付近で起きる海溝型地震と内陸で起きる内陸型地震がある。海溝型地震では，沈みこむ海洋プレートに大陸プレートが引きこまれ，深い海溝ができるとともにひずみができる。やがて，ひずみがたまって岩石が破壊されると，海底が変形して津波が発生することがある。

内陸型地震では，大陸プレートが海洋プレートに押されてひずみができて，破壊されて断層ができたり，すでにできていた断層（活断層（かつだんそう））が再びずれたりする。このような地震では，震源が浅いと大きくゆれる場合がある。

海洋プレートが大陸プレートを押す⇒ひずみがたまる⇒岩石が破壊されて地震が起きる⇒ひずみが解消

プレートが動いているために，こうしたことをくり返している。

(参考) 「海溝」は，もっとも深いところの深さが6kmをこえる溝状になった海底の谷のことである。海溝よりも浅い海底の谷を「トラフ」という。

3章　火をふく大地

p.20～p.21　ココが要点

①マグマ　②鉱物　③火山噴出物
④溶岩　⑤火山弾　⑥火山ガス
㋐大きい　㋑小さい
⑦火山岩　⑧深成岩
⑨斑状組織　⑩等粒状組織
㋒斑晶　㋓石基　㋔等粒状組織
㋕玄武岩　㋖花こう岩

p.22～p.23　予想問題

1 (1)マグマ　(2)溶岩　(3)ウ
(4)二酸化炭素，硫化水素

2 (1)C→A→B
理由…マグマのねばりけが大きいと流れにくく，火山は盛り上がった形になるから。
(2)C→A→B　(3)B→A→C
(4)A…ア，ウ　B…イ　C…エ，オ
(5)海溝やトラフにほぼ平行に分布している。

3 (1)㋐斑晶　㋑石基　(2)斑状組織
(3)等粒状組織
(4)図1…マグマが地表や地表近くで，急に冷え固まってできた。
図2…マグマが地下深くで，ゆっくり冷え固まってできた。
(5)図1…火山岩　図2…深成岩
(6)図1…イ，ウ，カ
図2…ア，エ，オ

4 (1)㋐クロウンモ　㋒セキエイ
(2)ウ　(3)白っぽい

解説

1 (1)プレートが沈みこんでいるところでは，一定の深さになると，岩石の一部がとけてマグマが生じる。生じたマグマが上昇してマグマだまりができ，さらに上昇すると噴火が起こる。
(2)高温の液体状のものも，冷えて固まったものも溶岩という。
(3)(4)火山噴出物には，溶岩，火山灰，火山れき，火山弾，軽石，火山ガスなどがある。粒の直径が2mm以上のものを火山れき，2mm以下のものを火山灰という。また，ふき飛ばされたマグマが空中で冷え固まったものを火山弾といい，白っぽくて小さな穴がたくさんあいていて軽いものを軽石という。火山ガスは，水蒸気や二酸化炭素，硫化水素などをふくんでいる。

2 (1)～(3) **ポイント** マグマのねばりけが大きいと，火山の形はドーム状になり，噴火は激しく爆発的で，火山噴出物の色は白っぽくなる。反対に，マグマのねばりけが小さいと，火山の形は傾斜がゆるやかな形になり，噴火は比較的おだやかで，火山噴出物の色は黒っぽくなる。
(4)日本には，「傾斜がゆるやかな形」とされる火山はない。マウナロアはアメリカのハワイ島にある火山である。
(5)日本列島付近では，海洋プレートが大陸プレートの下に沈みこんでいて，その境界とほぼ平行に，帯状に火山が分布している。

3 (1)～(5)地下深くでマグマがゆっくりと冷やされると，斑晶ができる。斑晶をふくんだマグマが上昇して，地表や地表近くで急に冷やされると，粒の識別ができない鉱物やガラス質の部分の石基ができ，斑状組織をもつ火山岩ができる。一方，地下深くでゆっくり冷え固まると，それぞれの鉱物の結晶がじゅうぶんに成長し，等粒状組織をもつ深成岩ができる。
(6)岩石にふくまれる鉱物の種類や組み合わせによって，火山岩は玄武岩，安山岩，流紋岩に分類される。また，深成岩は斑れい岩，せん緑岩，花こう岩に分類される。

4 ㋐はクロウンモ，㋑はチョウ石，㋒はセキエイである。無色鉱物であるチョウ石（㋑），セキエイ（㋒）をもっとも多くふくむのは，花こう岩である。花こう岩は全体的に白っぽい色をしている。

4章　語る大地

p.24～p.25　ココが要点

①風化　②侵食　③運搬　④堆積　⑤堆積岩
⑥示相化石　⑦示準化石
㋐アンモナイト
⑧地質年代　⑨鍵層　⑩海岸段丘　⑪地下の熱

p.26～p.27　予想問題

1 (1)①風化
②b…侵食　c…運搬　d…堆積
(2)オ　(3)細かい粒　(4)B

2 (1)柱状図　(2)d
(3)火山灰の層は，広い範囲に，同じ時期に堆積するから。
(4)鍵層　(5)i，o

3 (1)堆積岩
(2)丸みを帯びていることが多い。
(3)C　(4)A　(5)D　(6)二酸化炭素
(7)D…石灰岩　E…チャート　F…凝灰岩

4 (1)示相化石　(2)ア
(3)ブナ…イ　サンゴ…ウ

解説

1 (1) 参考 堆積によって，山地から平野になるところでは扇状地がつくられ，平野から河口になるところでは三角州がつくられることがある。
(2)(3) ポイント 細かい粒ほど岸から遠く離れたところまで運ばれるので，河口や岸に近く浅いところには大きな粒が，岸から離れた深いところには細かい粒が堆積しやすい。
(4)地層は，堆積のくり返しでつくられる。そのため，下の層ほど古く，上の層ほど新しい。

2 (2)～(4)　火山灰は，同じ時期に広い範囲に堆積するので，離れた地層を比較するときの手がかりになる。このような目印となる層を鍵層という。
(5)火山灰の層d，j，pは，同じ時期に堆積したと考えられるので，それぞれの上の層のc，i，oも同じ時期に堆積したと考えられる。

3 (2)～(4)れき，砂，泥が流水により運ばれ，角がけずられて丸みを帯びたものが堆積して，れき岩(A)，砂岩(B)，泥岩(C)になったので，これらの岩石の粒の形は丸みを帯びている。岩石をつくる粒が大きいものほど河口や岸に近いところに堆積するため，岸に近いところにはれきが，岸から離れたところには泥が堆積する。
(5)～(7)石灰岩とチャートは，どちらも生物の遺骸や水にとけていた成分が堆積したものであるが，岩石をつくる物質が異なっている。石灰岩に比べ，チャートはとてもかたい。また，うすい塩酸をかけたとき，石灰岩からは二酸化炭素が発生するが，チャートからは気体は発生しない。

4 (1)(2) ポイント 示相化石は，限られた環境でしか生存できない生物が化石になったものなので，その地層ができた当時の環境を推定することができる。
参考 生物の遺骸だけでなく，生活していた跡など，生物が生きていた証拠となるものも化石とみなすことができる。
(3)ブナは，やや寒い気候の土地に多く見られ，サンゴは，あたたかくて浅い海にすんでいる生物である。

p.28～p.29　予想問題

1 (1)示準化石　(2)地質年代
(3)C…アンモナイト
F…サンヨウチュウ
(4)イ
(5)古生代…E，F
中生代…A，C
新生代…B，D

2 (1)㋗　(2)㋒　(3)2回

3 (1)沈降　(2)隆起　(3)㋑
(4)海岸段丘　(5)低下したとき

4 ①4つ　②○　③ある
④○　⑤地震

解説

1 (1) ポイント 示準化石は，限られた時代にのみ生存していた生物が化石になったもので，その地層ができた時代を推定することができる。
(2)地質年代には，古いものから順に，古生代，中生代，新生代などがある。
参考 新生代はさらに古第三紀，新第三紀，第四紀に分けられる。

(5)フズリナやサンヨウチュウは古生代，アンモナイトや恐竜は中生代，ビカリアやアケボノゾウは新生代に繁栄した生物である。

2 (1) ポイント 地層の逆転が見られない場合，地層はふつう下の層ほど古い。

(2)細かな粒ほど岸から離れた深いところに堆積しやすいことから，泥岩の層が堆積したころのほうが深かったと考えられる。

(3)火山灰が堆積した層が２つ（㋑，㋖）あるので，少なくとも２回は火山活動があったと考えられる。

3 (1)(2)大陸プレートが海洋プレートに引きずりこまれると,土地が少しずつ沈降する。その後，大陸プレートが反発して地震が発生すると，土地が急に隆起する。

(3)〜(5)海岸段丘は，土地が急に隆起したときや海面が急に低下したときにできる階段状の地形である。海岸段丘は，日本各地の海岸で見られる。

4 ①日本付近には，ユーラシアプレート，北アメリカプレート，太平洋プレート，フィリピン海プレートの４つのプレートがある。

③ヒマラヤ山脈は，インド大陸が移動してユーラシア大陸と衝突し，海底にあった地層が押し上げられてできたと考えられている。

⑤地震のゆれによって，海岸の埋め立て地や河川沿いの砂地などの土地が，急に軟弱になってしまうことを，液状化という。

物質　身のまわりの物質

サイエンス資料
１章　いろいろな物質とその性質

p.30〜p.31 ココが要点

①ガス調節ねじ　②空気調節ねじ　③物体
④物質　⑤有機物　⑥無機物　⑦金属
⑧非金属　⑨質量　⑩密度　⑪メスシリンダー

p.32〜p.33 予想問題

1 (1)A…空気調節ねじ　B…ガス調節ねじ
(2)㋑　(3)ウ→カ→イ→ア→エ→オ→キ

2 (1)㋑　(2)㋐，㋒
(3)二酸化炭素
(4)有機物　(5)無機物

3 (1)質量　(2)密度　(3)銅
(4)氷の密度は水の密度より小さいこと。
（氷の密度は１ g/cm^3 より小さいこと。）

4 (1)A…電子てんびん
B…メスシリンダー
(2)ア　(3)2.7g/cm^3
(4)アルミニウム

解説

1 ミス注意！ ねじがかたくしまっていたら，一度ゆるめてから軽くしめておく。コックに近いＢのねじがガス調節ねじ，上にあるＡのねじが空気調節ねじである。どちらのねじも，上から見て反時計回りに回すとゆるめられ，時計回りに回すとしまる。

(3) ポイント ガスライター（マッチ）に火をつけてからガス調節ねじを開き，なため下から火を近づけて点火する。そして，ガス調節ねじを回して炎の大きさを約10cmにする。その後，ガス調節ねじを動かさないようにして，空気調節ねじをゆるめ，空気の量を調節して青い炎にする。

2 ポイント 砂糖とかたくり粉は有機物で，燃えると二酸化炭素が発生し，石灰水を白くにごらせる。食塩は無機物なので燃えない。そのため，二酸化炭素は発生せず，石灰水に反応しない。

3 (1)質量は物質そのものの量を表す言葉である。重さとのちがいについては「力による現象

(1)」であつかう。

(2)(3)アルミニウムと鉄はどちらが重いかというとき，大きさがちがうと比べることができない。そこで，密度（1立方センチメートルあたり何グラムか）を調べればどちらが重いかがわかる。同じ体積で比べた場合，密度が大きい物質ほど，質量が大きい。

4 (2)20.0cm^{3}の水を入れたメスシリンダーに1円硬貨10枚を入れると，体積が23.7cm^{3}と読みとれることから，1円硬貨10枚の体積は，

23.7〔cm^3〕－20.0〔cm^3〕＝3.7〔cm^3〕　とわかる。

(3)1円硬貨10枚の質量は10.00g，体積は3.7cm^{3}なので，密度は，

$$\frac{10.00\,[\mathrm{g}]}{3.7\,[\mathrm{cm^3}]} = 2.70\cdots[\mathrm{g/cm^3}]$$

(4)表から，(3)の値にもっとも近い物質を選ぶ。

2章　いろいろな気体とその性質

p.34～p.35　ココが要点

①水上置換法　②下方置換法　③上方置換法

㋐水上　㋑下方　㋒上方

④酸素　⑤二酸化炭素

㋓二酸化マンガン　㋔過酸化水素水　㋕塩酸

㋖水　㋗酸　㋘アルカリ　㋙水

p.36～p.37　予想問題

1 (1)㋐うすい過酸化水素水

㋑二酸化マンガン

(2)A　(3)うすい塩酸　(4)C

(5)もともと装置（三角フラスコ）に入っていた空気が多くふくまれるため。

(6)酸素…イ，エ，カ，ク

二酸化炭素…イ，オ，カ，キ

2 (1)アンモニア　(2)上方置換法

(3)水に（非常に）とけやすい性質

空気より密度が小さい性質

(4)ア，エ，オ

3 (1)水上置換法

(2)水にとけにくい性質

(3)エ　(4)水素　(5)イ

4 (1)A…水素　B…塩素　C…窒素

D…塩化水素　E…二酸化炭素

F…酸素

(2)①F　②E　③F　④E　(3)B

解説

1 (2)酸素は水にとけにくいので，水上置換法で集める。

(4)二酸化炭素は空気より密度が大きいので，上方置換法で集めることはできず，下方置換法で集める。また，二酸化炭素は水に少しとけるだけなので，水上置換法でも集めることもできる。

(5) ミス注意！「三角フラスコにはじめから入っている空気が出てくるため」ということが書けていれば正解である。

(6)酸素は，空気よりも密度が大きく，色やにおいのない気体であり，ものを燃やすはたらきがある。水にとけにくいので，水上置換法で集められる。二酸化炭素は，水に少しとけ，その水溶液（炭酸水）は酸性を示す。また，石灰水を白くにごらせる性質がある。

2 (1) 参考 アンモニアは，アンモニア水を加熱しても発生する。

(4)アンモニアは水に非常にとけやすく，その水溶液（アンモニア水）はアルカリ性を示す。フェノールフタレイン溶液を加えた水溶液は，酸性や中性では無色だが，アルカリ性では赤色に変化する。アンモニアの噴水実験は，これらの性質を利用している。アンモニアには特有の刺激臭があり，有毒である。

参考 気体のにおいを確認するときは，直接においをかぐのではなく，手であおぐようにしてかぐ。

3 水素は，亜鉛や鉄などの金属にうすい塩酸を加えると発生する。水にとけにくいため，水上置換法で集める。水素には色やにおいがなく，非常に軽い気体で，物質の中で密度がいちばん小さい。空気中で水素に火を近づけると，水素は音を立てて燃えて，水ができる。

4 (1)窒素（C）は空気中に，体積の割合で約78%ふくまれている，無色でにおいのない気体である。塩化水素（D）は有毒な気体で，水溶液は酸性を示し，青色リトマス紙を赤色に変える。

(3)塩素系漂白剤と酸性タイプの洗浄剤を混ぜると，有毒な気体である塩素が発生する。決して混ぜてはいけない。

3章　水溶液の性質

p.38～p.39　ココが要点

①溶質　②溶媒　③水溶液　④透明
㋐溶質　㋑水溶液
⑤質量パーセント濃度
㋒溶解度
⑥飽和水溶液　⑦溶解度　⑧溶解度曲線
⑨結晶　⑩再結晶
⑪混合物　⑫純物質

p.40～p.41　予想問題

1 (1)溶質　(2)溶媒　(3)溶液
(4)色の濃さ…どこも均一な濃さの色になっている。
向こう側の見え方…透明である。
(すき通っていて，向こう側が見える。)
(5)㋓

2 (1)125g　(2)20%　(3)10%　(4)10g

3 (1)飽和水溶液　(2)溶解度曲線
(3)A…すべてとけた。
B…すべてとけた。
(4)B　(5)ア
(6)水を蒸発させる。　(7)再結晶

4 (1)ろ過　(2)㋐ろ紙　㋑ろうと
(3)ろ紙を水でぬらす。
(4)・液体をガラス棒に伝わらせてろうとに入れる。
・ろうとの先の切り口の長いほうをビーカーにあてる。
(5)結晶

解説

1 (1)～(3) **ポイント** 硫酸銅を水にとかしたとき，硫酸銅を溶質，水を溶媒といい，硫酸銅が水にとけた液を溶液という。また，溶媒が水の場合の溶液を水溶液という。水溶液には，色がついているものや色がついていないものがあるが，どれも透明である。硫酸銅の水溶液は青色である。
(4)(5) **ミス注意!** 硫酸銅を水に入れて放置しておくと，水が硫酸銅の粒子と粒子の間に入りこみ，粒子がばらばらになって水の中に一様に広がっていく。その結果，濃さが均一になり，青色で透明な水溶液となる。その後，さらに放置しても，硫酸銅の粒子がもとにもどったり，水溶液の下のほうが濃くなったりすることはない。

2 (1)砂糖が水にとけても見えなくなるだけで，砂糖の粒子はなくなっているわけではないので，全体の質量は変化しない。よって，砂糖水の質量は，

$100〔g〕+25〔g〕=125〔g〕$

(2)質量パーセント濃度

$$=\frac{溶質の質量}{溶媒の質量+溶質の質量}\times 100$$ なので，

$$\frac{25〔g〕}{100〔g〕+25〔g〕}\times 100=20$$

(3)溶質の質量は変わらないが，溶液の質量は，

$125〔g〕+125〔g〕=250〔g〕$

となっているので，

$$\frac{25〔g〕}{250〔g〕}\times 100=10$$

(4)質量パーセント濃度を求める式より，

$$溶質の質量=溶液の質量\times\frac{質量パーセント濃度}{100}$$

で求めることができる。

$$200〔g〕\times\frac{5}{100}=10〔g〕$$

3 (3)溶解度曲線より，40℃の水100gに，塩化ナトリウム(A)も硝酸カリウム(B)も30g以上とけることが読みとれる。
(4)(5)溶解度曲線より，10℃の水100gに塩化ナトリウムは30g以上とけるが，硝酸カリウムは約20gまでしかとけないことが読みとれる。したがって，$30〔g〕-20〔g〕=10〔g〕$ の硝酸カリウムがとけきれずに出てくる。
(6)塩化ナトリウムのように，温度によって溶解度がほとんど変化しない物質をとり出すには，水を蒸発させるとよい。
(7)再結晶によって，物質をより純粋にすることができる。

4 (1)(2)ろ紙などを使って，固体と液体を分けることをろ過という。ろ紙の穴よりも小さいものはろ紙を通りぬけ，ろ液としてビーカーに集められる。ろ紙の穴よりも大きいものはろ紙を通りぬけず，固体としてろ紙に残る。

(4)ろ過したい液体は，ガラス棒に伝わらせて，静かにろうとに入れる。ろうとの先は，切り口の長いほうをビーカーにあて，ろ液が静かにビーカーに入れるようにする。

4章　物質のすがたとその変化

p.42～p.43　ココが要点

①状態変化
㋐液体
②体積　③質量
㋑固体
④沸点　⑤融点　⑥純物質
㋒沸点　㋓融点
⑦蒸留

p.44～p.45　予想問題

1 (1)状態変化　(2)ア　(3)ウ　(4)A
2 (1)A…イ　B…ウ　(2)純物質
(3)変わらない。　(4)異なる。
3 (1)融点　(2)沸点　(3)㋐
(4)パルミチン酸
(5)A…ア　B…ウ　C…イ
4 (1)A　(2)A　(3)エタノール
(4)ウ　(5)蒸留

解説

1 (2) **ポイント** 物質の状態変化では，固体から液体，液体から気体に変化すると体積は大きくなり，気体から液体，液体から固体に変化すると体積は小さくなる。ただし，水は例外で，液体が固体に変化するときに体積が大きくなる。
(3)物質の状態変化では，物質をつくる粒子の数が変化しないため，質量は変化しない。
(4)固体から液体，液体から気体に変化するにつれて，物質をつくる粒子の運動が激しくなり，粒子どうしの間隔が広がる。そのため，体積が大きくなる。液体の水は例外で，固体の氷よりも粒子どうしの間隔がせまくなっているため，水よりも氷のほうが体積は大きい。

2 (1)Aでは，パルミチン酸が固体から液体に状態が変化している。このように，固体がとけて液体に変化するときの温度を融点という。パルミチン酸が状態変化している間，加熱し続けても温度は一定である。固体がすべてとけて液体になると，再び温度が上昇しはじめる。
(2)状態変化している間の温度がほぼ一定であることから，パルミチン酸は純物質であるということがわかる。混合物の場合，状態変化しているときの温度は一定にならない。
(3)物質の質量を変化させても，融点や沸点は変化しない。ただし，状態を変化させるのにかかる時間は，質量が大きいほど長くなる。
(4)物質の沸点や融点は，物質の種類によって決まっている。

3 (1)(2) **ポイント** 固体がとけて液体になる温度を融点，液体が沸騰して気体になるときの温度を沸点という。純物質では，沸点や融点が物質によって決まっていて，物質を区別する手がかりとなる。
(3)融点のほうが沸点よりも低いので，㋐が融点，㋑が沸点である。
(4)融点が64℃である物質を表から選ぶ。融点が63℃のパルミチン酸がもっとも近い。1℃の差は，測定の際の誤差としてあつかう。
(5)融点より低い温度のとき，物質は固体である。融点より高く，沸点より低い温度のとき，物質は液体である。沸点より高い温度のとき，物質は気体である。Aの融点は64℃なので，50℃では固体である。Bの融点は42℃なので，50℃では液体である。Cの融点は50℃なので，50℃では固体から液体に状態変化していて，固体と液体が混ざっている状態だと考えられる。

4 (1)～(3) **ポイント** 水とエタノールの混合物を加熱すると，まず沸点の低いエタノールを多くふくむ液体が集まる。その後，しだいにエタノールの割合は低くなり，水を多くふくむ液体が集まる。そのため，試験管Aの液体は，エタノールのにおいがして，火を近づけたときに火がつく。
(4)エタノールの沸点は78℃，水の沸点は100℃である。混合物の沸点や融点は決まった温度にならず，温度変化のようすも混合する割合によってちがってくる。
(5)蒸留を利用すると，沸点のちがいから，混合物中の物質を分離することができる。このとき，沸点の低いものが先にとり出せる。

エネルギー　光・音・力による現象

1章　光による現象

p.46～p.47　ココが要点

①光源　②入射光　③反射光　④反射の法則
㋐入射角　㋑反射角
⑤像　⑥全反射
㋒く
⑦焦点
㋓焦点距離　㋔焦点
⑧実像　⑨虚像
㋕実像　㋖虚像

p.48～p.49　予想問題

1 (1)入射角…㋑　反射角…㋒
(2)等しい。(入射角＝反射角)
(3)(光の) 反射の法則
(4)物体の表面はでこぼこしていて，光が乱反射しているから。

2 (1)(光の) 屈折
(2)入射角…㋑　屈折角…㋓
(3)㋖　(4)イ　(5)全反射　(6)ウ

3 (1)下図　(2)下図

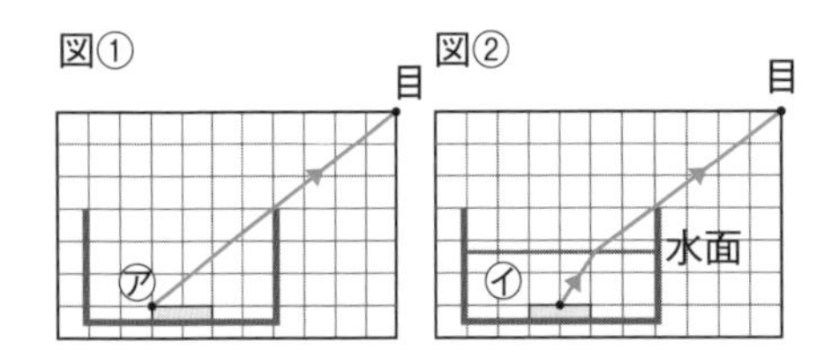

4 (1)焦点　(2)左側にもある。
(3)焦点距離　(4)B
(5)①屈折して焦点を通る。
②そのまま直進する。
③光軸に平行に進む。

解説

1 (1) ミス注意! 入射角，反射角は，鏡の面に垂直な直線と入射光，反射光の間の角度のことである。
(2)(3) ポイント 光が反射するとき，入射角と反射角はつねに等しくなる(入射角＝反射角)。これを，光の反射の法則という。
(4)物体が見えるのは，光源からの光が物体で反射し，目に届いているからである。物体は，表面がなめらかに見えていても，実際はでこぼこしていて，光がいろいろな方向に反射している。このような反射を乱反射という。乱反射により，どの方向からでも物体を見ることができる。

2 (2)～(4)屈折角は，境界の面に垂直な直線と屈折光の間の角度である。光が空気から水やガラスへ進むときは，屈折角は入射角より小さくなる。逆に，光が水やガラスから空気へ進むときは，屈折角は入射角より大きくなる。
(5)水やガラスから空気へ光が進むとき，入射角をだんだん大きくしていくと，屈折角が90°に近づき，やがて光はすべて境界の面で反射するようになる。これを光の全反射という。
(6)光ファイバーでは，全反射をくり返しながら光が遠くまで進んでいる。光や万華鏡は光の反射，虫眼鏡は光の屈折の性質を利用している。

3 (2)㋑からの光は水面で屈折し，容器のふちを通って目に届く。この道すじをかくには，まず，目から容器のふちを通って水面までの直線を引く。次に，水面からコインの㋑までの直線を引く。コインから目まではこの２本の直線のように光が水面で折れ曲がって進んでいる。このとき，人の目には，コインが一直線上の浮き上がった位置にあるように見える。

4 (4)焦点距離は，凸レンズのふくらみが大きいほど短くなる。
(5)凸レンズを通る光は，①光軸に平行に入った光は焦点に集まる，②レンズの中心を通った光は直進する，③物体側の焦点を通って凸レンズに入った光は，屈折して光軸に平行に進む。

p.50～p.51　予想問題

1 (1)㋑　(2)入射角…㋔　屈折角…㋕
(3)Aの方向に進む。　(4)㋚

2 (1)下図

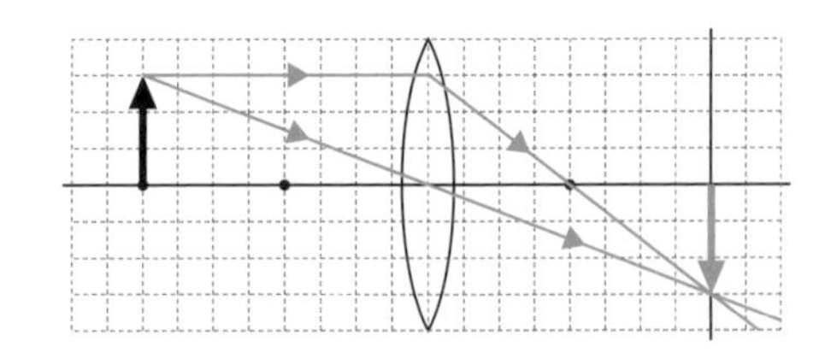

(2)同じ　(3)実像　(4)ウ

3 (1)①ウ　②エ　③オ　④カ　⑤カ

(2)⑤　(3)虚像

(4)①下図

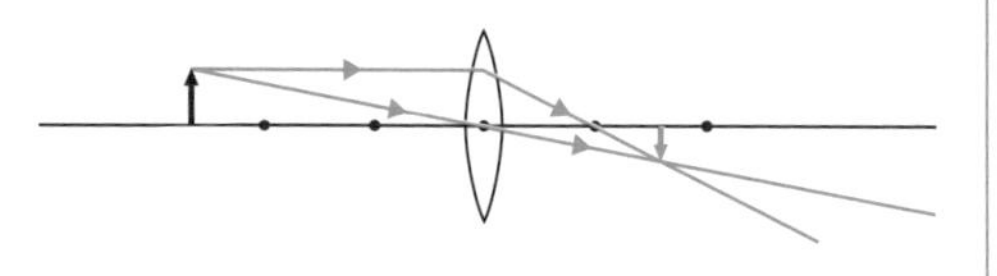

③下図

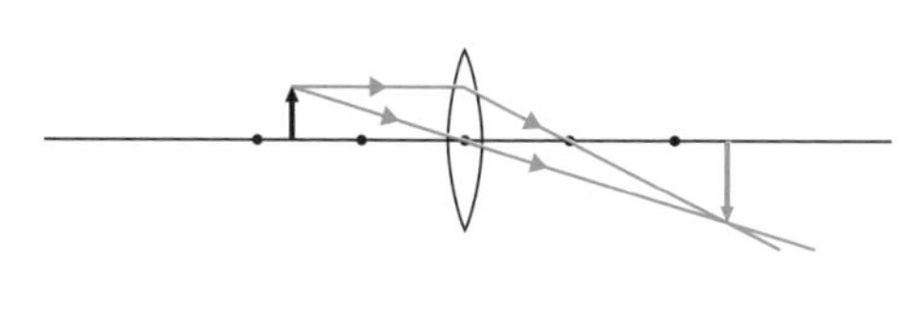

⑤下図

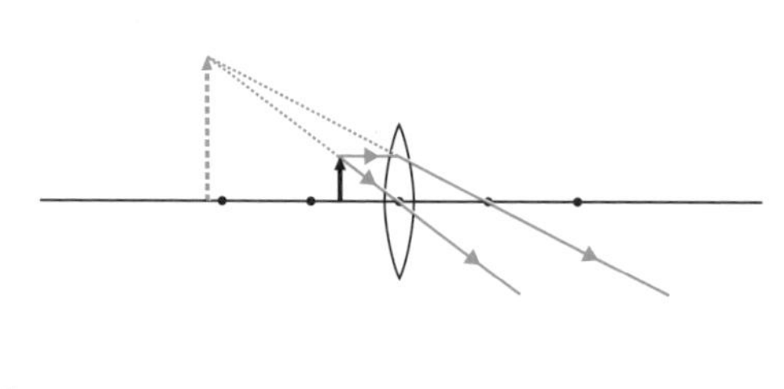

解説

1 (1)境界の面に垂直に進んできた光は，そのまま直進する。

(3) 参考 ガラスから空気へ進む光は，空気からガラスへ進む光と逆の道すじをたどる。そのため，Bから図2とは逆向きに入ってきた光は，Aの方向に進む。

2 (1)光は，凸レンズに入るときと出るときの2回屈折するが，作図するときは，レンズの中央で1回屈折させてかく。

ポイント 作図をするときは，2本の線をかく。物体の先（矢印の先）から光軸に平行な直線を凸レンズに引き，屈折させて焦点を通す。次に，矢印の先からレンズの中心に向けて直線を引く。光軸から，2本の線が交わったところに下ろした垂直な線が物体の像である。

(4)物体を，焦点距離の2倍の位置より凸レンズから遠ざけると，像は小さくなり，像ができる位置は凸レンズに近づく（焦点に近づく）。一方，焦点距離の2倍の位置より凸レンズに近づけると，像は大きくなり，像ができる位置は凸レンズから遠ざかる。

3 (1)①のとき，DE間に物体よりも小さな，上下・左右がともに逆向きの実像ができる。②のとき，Eに物体と同じ大きさの上下・左右がともに逆向きの実像ができる。③のとき，Eより右に物体よりも大きな，上下・左右がともに逆向きの実像ができる。④のとき，像はできない。⑤のとき，どの位置にスクリーンを置いても像はできない。しかし，凸レンズを通して物体の方向を見ると，物体より大きな同じ向きの虚像が見える。

2章　音による現象

p.52～p.53 ココが要点

①音源（発音体）　②振動

㋐振動　㋑大きく

③波

④m/s　⑤振幅　⑥振動数　⑦ヘルツ

㋒振幅　㋓振動　㋔振幅　㋕高く　㋖低く

㋗大きく　㋘小さく

p.54～p.55 予想問題

1 (1)振動しているとき。

(2)イ　(3)ア　(4)ア

(5)空気　(6)波

2 (1)345m/s　(2)1242m　(3)4.3秒後

3 (1)振幅　(2)①ア　②ウ

(3)①低くなる。　②高くなる。

(4)大きくなる。　(5)振幅　(6)振動数

4 (1)横軸…時間

縦軸…振幅（振動の振れ幅）

(2)振動数　(3)㋐　(4)㋒　(5)㋑

解説

1 (1)音は，音源が振動することで発生する。

(2)(3)容器内の空気をぬいていくと，音はしだいに小さくなっていくが，ブザーは作動し続けているため，ブザーの振動によって発泡ポリスチレン球は動き続ける。

(5)容器内の空気をぬいていくと音が小さくなっていき，空気を入れていくと音が大きくなっていくことから，ブザーの音は，容器内の空気によって伝えられていることがわかる。

(6)空気そのものが移動するのではなく，空気の振動が伝わることで，音が伝わる。この現象を波という。音は，波としてあらゆる方向に伝わる。

2 ポイント 音の速さ＝$\frac{音が伝わる距離}{音が伝わる時間}$

(1)速さ＝距離÷時間より，

690〔m〕÷2〔s〕＝345〔m/s〕

(2)距離＝速さ×時間より，

345〔m/s〕×3.6〔s〕＝1242〔m〕

(3)時間＝距離÷速さより，

1500〔m〕÷345〔m/s〕＝4.34…〔s〕

小数第2位を四捨五入して，4.3秒後

3 (2)振幅が大きいほど，音は大きくなる。振動数が多いほど音は高くなる。AとBでは，振幅はAのほうが大きいが，振動数は同じである。

(3)弦の長さを短くしたり，弦のはり方を強くしたりすると，振動数が多くなり，音は高くなる。

(4)弦のはじき方を強くすると，振幅が大きくなり，音は大きくなる。

4 (1)(2) ポイント オシロスコープを使うと，振動のようすを波形として表示することができる。横軸の方向は，時間を表していて，波がたくさん見えるほど，同じ時間で多く振動していることがわかる。また，縦軸の方向は，振動の振れ幅（振幅）を表していて，波の山や谷が大きいほど，振幅が大きいことがわかる。

(3) 参考 同じ音さをたたいて出した音は，大きさは変わるが，高さは変わらない。

㋐の波形は，基準の音さの波形と同じ振動数で，振幅が大きいことから，基準の音と同じ高さで大きな音であることがわかる。㋑の波形は，基準の音さの波形と同じ振幅で，振動数が多いことから，基準の音さと同じ大きさで高い音であることがわかる。㋒の波形は，基準の音さの波形より振動数が少なく，振幅も小さいことから，基準の音さよりも低く小さな音であることがわかる。

(4) ミス注意！ 振幅が小さいほど，音の大きさは小さくなるので，もっとも振幅の小さいものを選ぶ。

(5) ミス注意！ 振動数が多いほど，音の高さは高くなるので，もっとも振動数の多いものを選ぶ。

3章　力による現象(1)

p.56～p.57 ココが要点

①変形　②弾性力（弾性の力）　③重力

④磁力（磁石の力）　⑤電気力（電気の力）

⑥ニュートン　⑦フックの法則

㋐のび　㋑原点

p.58～p.59 予想問題

1 ①イ　②ウ　③ア　④イ

2 (1)ニュートン　(2)1.2 N

(3)

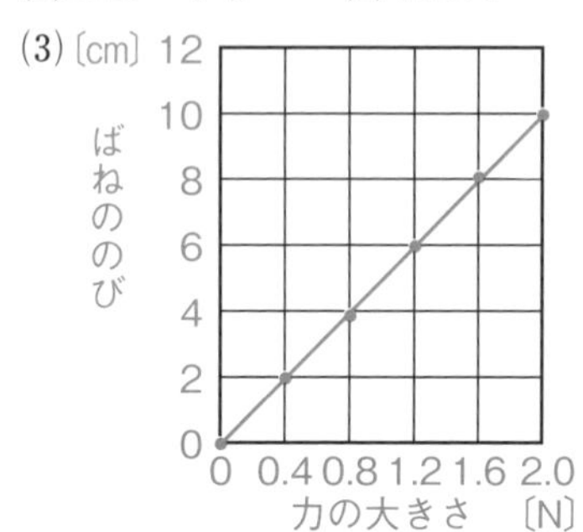

(4)比例（の関係）　(5)フックの法則

(6)3.2 N

3 (1)ばねA　(2)1 N　(3)5 cm

(4)2.5 N　(5)250g

4 質量：地球上…300g

月面上…300g

重さ：地球上…3 N

月面上…0.5N

解説

1 ①ミットでボールを受けたことで，動いていたボールが止められた（物体の動きを変える）。

②スポンジを押したことで，スポンジがへこんだ（物体を変形させる）。

③荷物が落ちないように手で持って支えた（物体を支える）。

④動いていなかったボールを転がした（物体の動きを変える）。

2 (2)質量100gの物体にはたらく重力の大きさが1 Nなので，質量120gのおもりにはたらく重力の大きさは，1.2 Nである。

(3) ミス注意！ 測定値をグラフに点（・）ではっきりと正確に記入すると，点の並びから，原点を通る直線になることが判断できる。このとき，グラフに記入した点は誤差をふくんでいるの

テストに出る！

5分間攻略ブック

啓林館版

理科
1年

重要用語をサクッと確認

よく出る図を
まとめておさえる

赤シートを
活用しよう！

テスト前に最後のチェック！
休み時間にも使えるよ♪

「5分間攻略ブック」は取りはずして使用できます。

自然の中にあふれる生命

教科書 p.2~p.15

自然の中にあふれる生命

p.2~p.15 巻末⑩⑪

□ ルーペは【目】に近づけて使う。

□【双眼実体顕微鏡】では観察物を立体的に観察することができる。

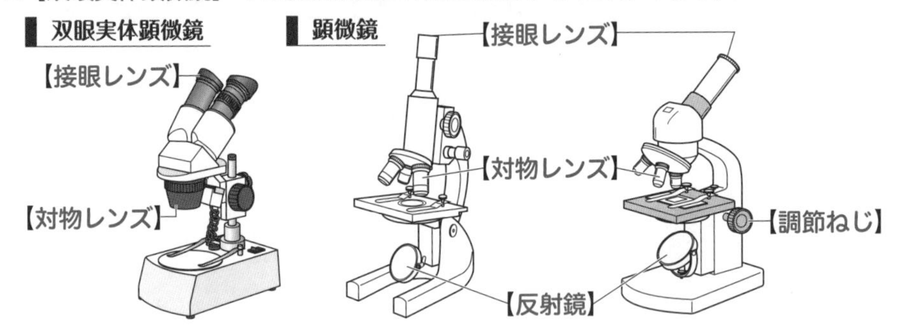

水の中の小さな生物

【ミジンコ】

【アオミドロ】

【ゾウリムシ】

【ミカヅキモ】

生命　いろいろな生物とその共通点

教科書 p.16~p.63

1章　植物の特徴と分類

p.18~p.33

□ 花弁が離れている花を【離弁花】, くっついている花を【合弁花】という。

花から果実への変化

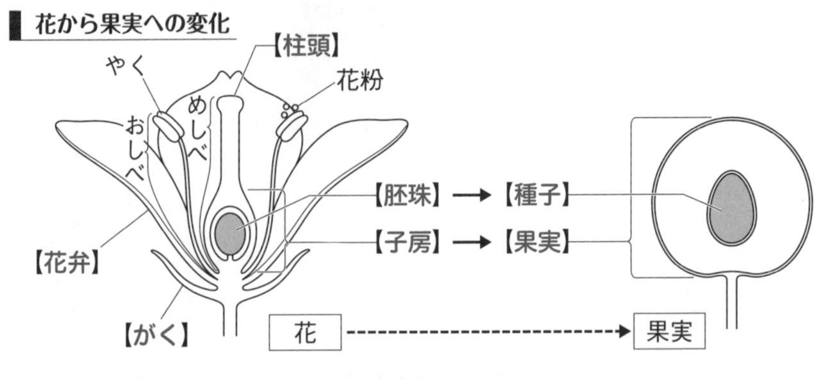

□ めしべの根もとのふくらんだ部分を【**子房**】といい，中には【**胚珠**】とよばれる粒が入っている。

□ おしべの先端にある【**やく**】の中の花粉が，めしべの柱頭につくことを【**受粉**】という。受粉の後，胚珠は【**種子**】に，子房は【**果実**】へ変化する。

□ 胚珠が子房の中にある植物を【**被子植物**】という。　例アブラナ，サクラなど

□ 胚珠がむきだしになっている植物を【**裸子植物**】といい，【**花粉のう**】に入っている花粉が，直接胚珠について受粉する。受粉後，胚珠は【**種子**】になる。
例マツ，イチョウなど

注目　被子植物も裸子植物も，どちらも種子でふえる種子植物である。

種子植物

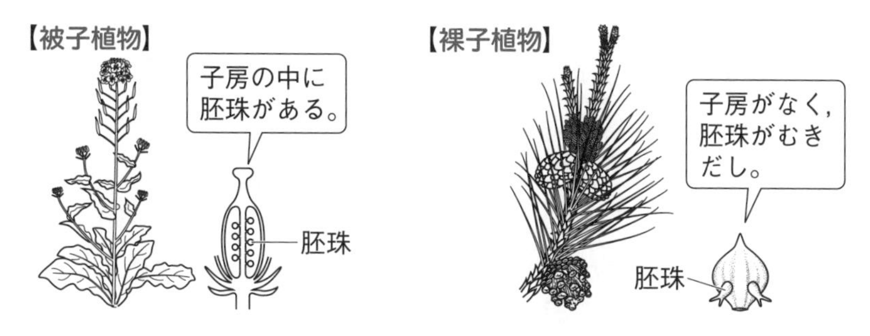

□ 被子植物のうち，子葉が１枚の植物を【**単子葉類**】，子葉が２枚の植物を【**双子葉類**】という。

□ 葉に見られるすじのようなつくりを【**葉脈**】といい，単子葉類は平行で【**平行脈**】とよばれる。双子葉類は，網目状に広がった【**網状脈**】である。

□ 単子葉類の根は，たくさんの細い根が広がった【**ひげ根**】である。

□ 双子葉類の根は，１本の太い【**主根**】から，細い【**側根**】が枝分かれしている。

□ 根の先端近くに見られる，小さな毛のようなものを【**根毛**】という。

被子植物の分類

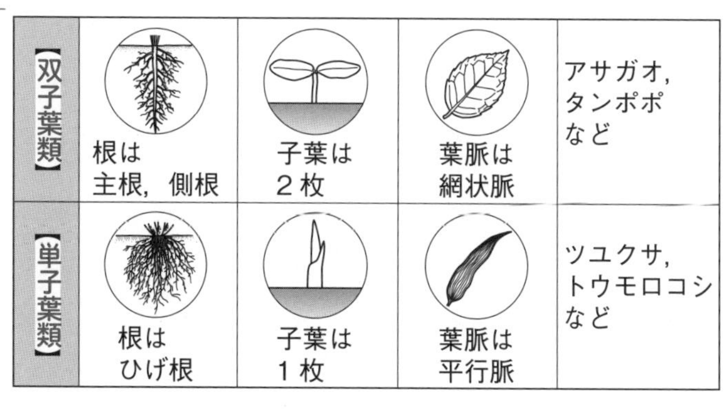

【双子葉類】	根は 主根，側根	子葉は ２枚	葉脈は 網状脈	アサガオ， タンポポ など
【単子葉類】	根は ひげ根	子葉は １枚	葉脈は 平行脈	ツユクサ， トウモロコシ など

□ 種子をつくらない植物のうち, 葉, 茎, 根の区別があるものを【**シダ植物**】といい, 葉, 茎, 根の区別がないものを【**コケ植物**】という。

注目 ゼニゴケやスギゴケなどには雄株と雌株がある。

□ シダ植物やコケ植物は, 胞子のうでつくられた【**胞子**】でふえる。

種子をつくらない植物

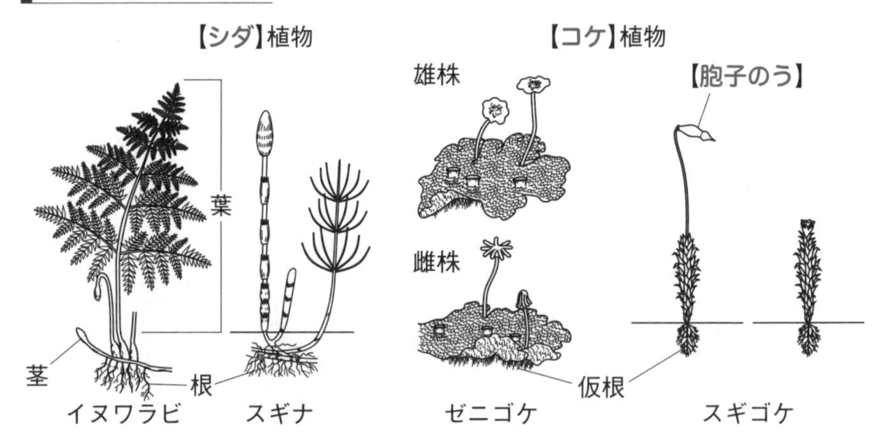

□ 双子葉類のうち, 花弁が1枚1枚離れているものを【**離弁花類**】, 1つにくっついているものを【**合弁花類**】という。

植物の分類

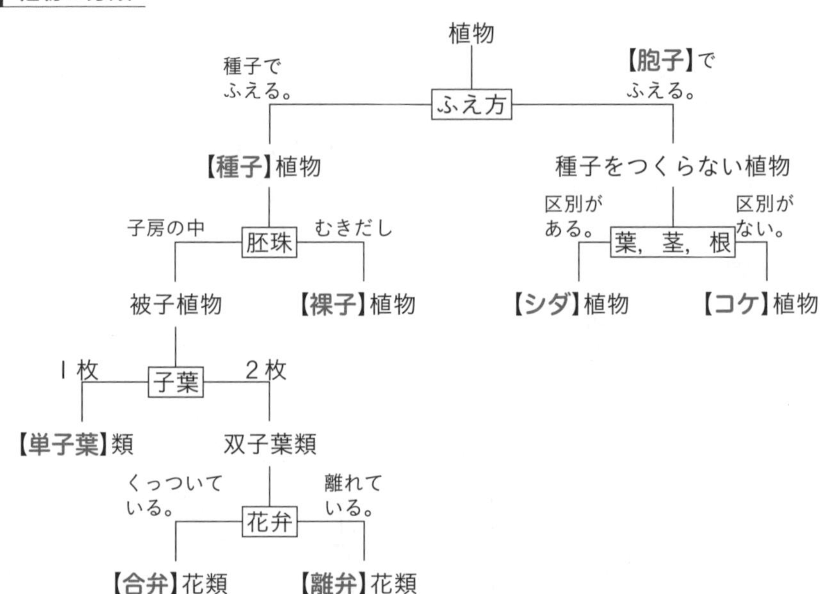

2章　動物の特徴と分類　p.34~p.53

□ ほかの動物を食べる動物を【肉食動物】といい，植物を食べる動物を【草食動物】という。

□ 動物は【骨格】で体を支えている。

□ 背骨をもつ動物を【脊椎】動物，背骨をもたない動物を【無脊椎】動物という。

頭部のつくり

肉食動物

草食動物

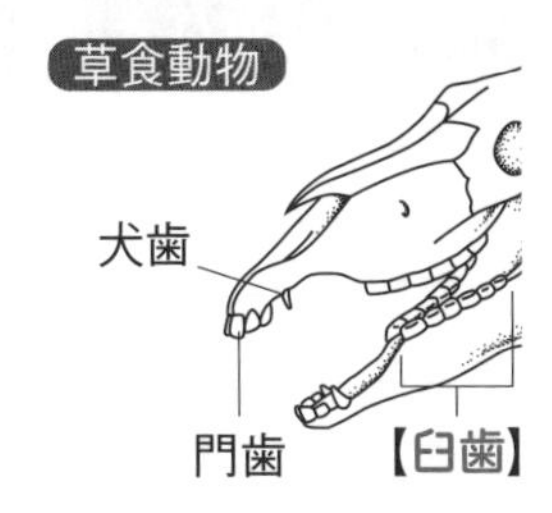

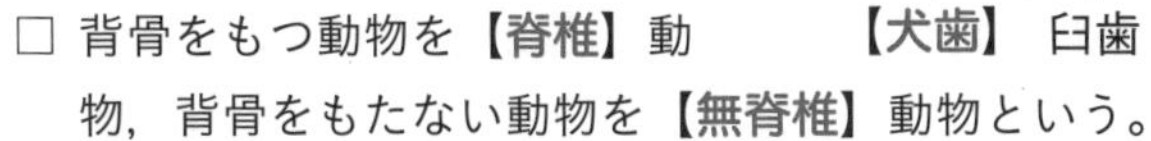

まる暗記 背骨の無い動物は無脊椎動物

□ 卵から子がかえるなかまのふやし方を【卵生】，母親の子宮内である程度育ってから生まれるなかまのふやし方を【胎生】という。

脊椎動物の分類

	魚類	【両生】類	は虫類	【鳥】類	哺乳類
生活場所	【水中】	（子）／（親）	陸上		
呼吸	えら	子はえらや皮膚 親は肺や皮膚	【肺】		
なかまのふやし方	卵生				【胎生】
体表	うろこ	湿った皮膚	うろこ	羽毛	毛

□ 無脊椎動物のうち，からだに節がある動物を【節足動物】という。節足動物のからだの外側は，【外骨格】でおおわれている。

□ 節足動物のうち，バッタやカブトムシなどのなかまを【昆虫類】といい，エビやカニなどのなかまを【甲殻類】という。

□ 無脊椎動物のうち，アサリやイカなどのなかまを【軟体動物】という。 軟体動物の内臓は【外とう膜】でおおわれている。

無脊椎動物

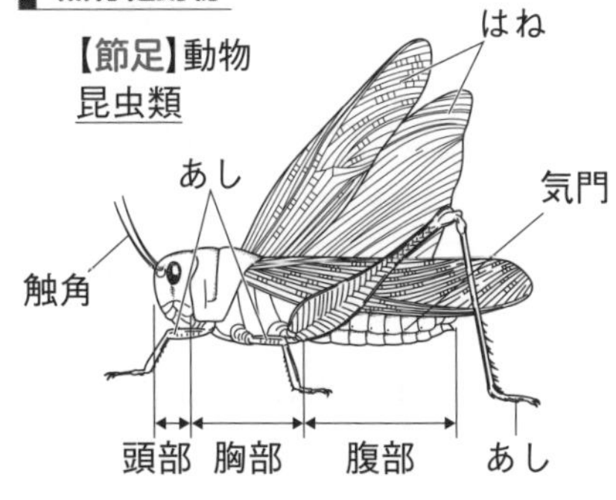

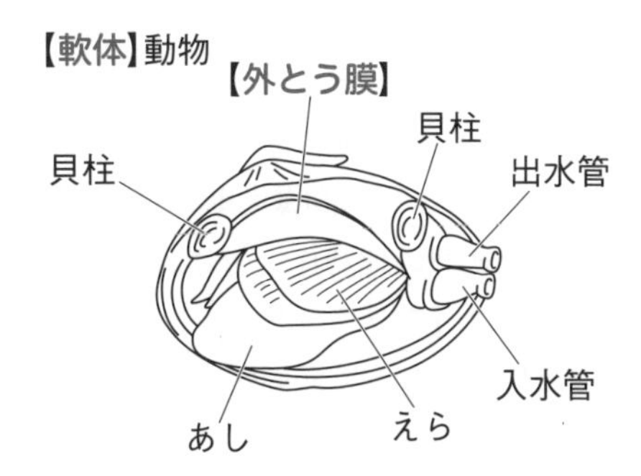

地球　活きている地球

教科書 p.64~p.129

1章　身近な大地　p.66~p.74

□ 地球の表面をおおっている板状の岩石を【プレート】という。

□ 大地がもち上がることを【隆起】といい，大地が沈むことを【沈降】という。

□ 長期間大きな力を受けて，波打つように曲がった地層を【しゅう曲】という。

□ 大きな力により，岩石が破壊されてできた大地のずれを【断層】という。

□ 崖などで，地層や岩石が地表に現れているところを【露頭】という。

2章　ゆれる大地　p.75~p.85

□ 最初に地下の岩石が破壊された場所を【震源】といい，その真上にある地表の位置を【震央】という。

□ 地震で，はじめにくる小さなゆれを【初期微動】，後からくる大きなゆれを【主要動】という。

□ 初期微動を伝える波を【P波】，主要動を伝える波を【S波】といい，2つの波が届いた時刻の差を【初期微動継続時間】という。

地震の発生した場所

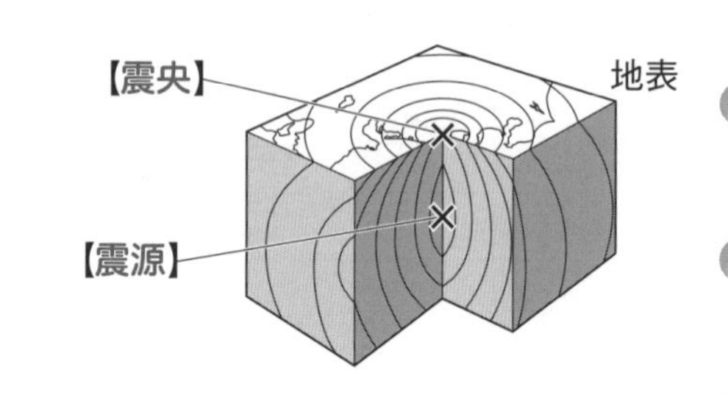

地震のゆれ

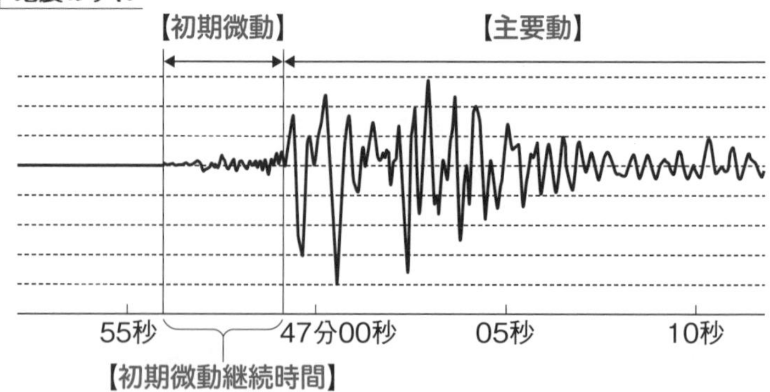

□ ある地点での地震によるゆれの大きさは【震度】で表し，地震そのものの規模の大小は【マグニチュード】で表す。

□ 地震にともなって海底が大きく変動したとき，【津波】が発生して沿岸部に被害をもたらすことがある。

□ 過去にくり返してずれ動き，今後もずれ動く可能性がある断層を【**活断層**】という。

3章　火をふく大地　p.86~p.100

□ 火山の噴火が起こると火口から噴出するものを【**火山噴出物**】という。

火山噴出物

火山れき　　軽石　火山弾

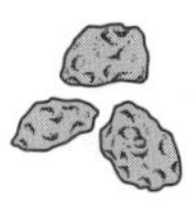

□ 火山の地下で，高温のために岩石がどろどろにとけたものを【**マグマ**】といい，地下の【**マグマだまり**】にたくわえられている。

□ マグマが冷え固まって結晶になった粒を【**鉱物**】という。

火成岩をつくるおもな鉱物

	【白色・無色】の鉱物		【有色】の鉱物			
鉱物	セキエイ	チョウ石	カンラン石	キ石	カクセン石	クロウンモ
色	無色 白色	白色 うす桃色	黄緑色 ～褐色	緑色 ～褐色	濃い緑色 ～黒色	黒色 ～褐色
形	六角柱状・ 不規則	柱状 短冊状	粒状の多面体	短い柱状 短冊状	細長い柱状 針状	板状 六角形

□ 過去1万年以内に噴火したことのある火山を【**活火山**】という。

□ 火山の形や火山噴出物の色は，マグマの性質によって異なる。

マグマのねばりけと火山

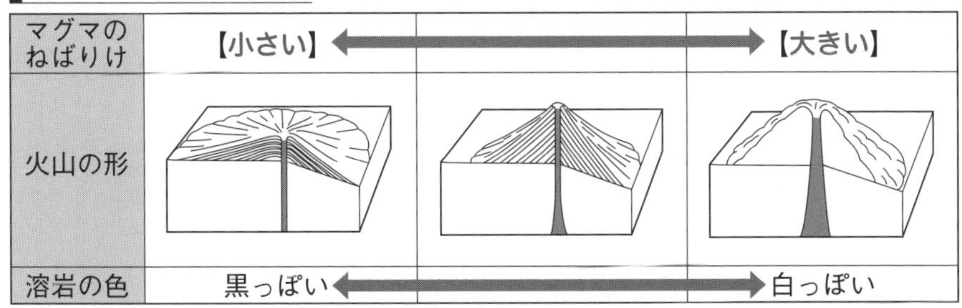

□ マグマが冷え固まってできた岩石を【**火成岩**】という。このうち，地表や地表近くで急に冷え固まったものを【**火山岩**】，地下深くで長い時間をかけてゆっくり冷え固まったものを【**深成岩**】という。

火山岩のつくり

【斑状】組織

【斑晶】

【石基】

深成岩のつくり

【等粒状】組織

4章　語る大地

p.101~p.119

□ 岩石が，太陽の熱や水のはたらきにより，長い間にくずれていくことを【風化】という。

□ 長い時間をかけて風化した岩石は，水のはたらきによって【侵食】され，下流に【運搬】され，流れのゆるやかなところに堆積する。

地層のでき方

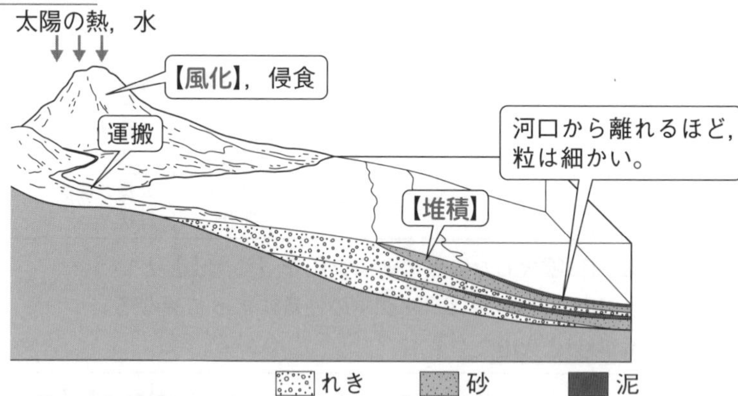

□ 堆積物が長い年月の間に押し固められてできた岩石を【堆積岩】という。

いろいろな堆積岩

岩石名	堆積物	特徴
れき岩	れき	粒の大きさのちがいで分けられる。 岩石をつくる粒は丸みを帯びている。
砂岩	砂	
泥岩	泥	
【凝灰岩】	火山噴出物	角ばった鉱物をふくむ。
【石灰岩】	生物の 遺骸など	うすい塩酸をかけると二酸化炭素が発生。
【チャート】		うすい塩酸をかけても気体は発生しない。

□ 地層が堆積した当時の環境を推定できる化石を【示相化石】，地層が堆積した時代が推定できる化石を【示準化石】という。

注目 示相化石は限られた環境で生きる生物の化石。サンゴやアサリなど。

□ 示準化石などをもとに決めた時代区分を【地質年代】という。

示準化石

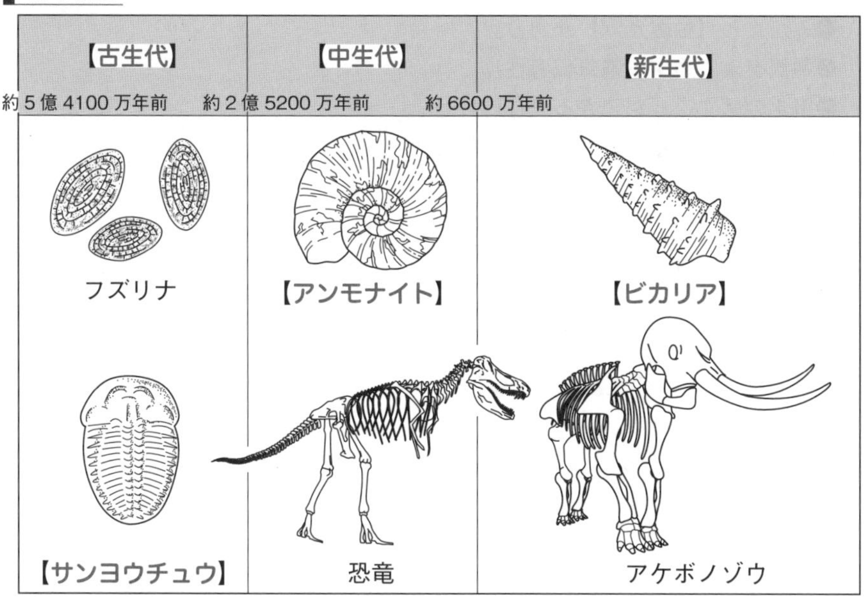

□ 離れた地層を比べるときに利用できる層を【鍵層】という。

□ 地震などが原因で大地が隆起して，海底の平らな面が陸に現れたものを【海岸段丘】という。

物質　身のまわりの物質

教科書 p.130~p.203

サイエンス資料，1章　いろいろな物質とその性質

p.130~p.153

□ ガスバーナーは炎の色を【青】色にして使用する。

ガスバーナー

□ 使う目的や形などで区別したものの名称を【**物体**】といい，材料で区別したものの名称を【**物質**】という。

□ 炭素をふくむ物質を【**有機物**】といい，燃やすと【**二酸化炭素**】ができる。多くの場合，水もできる。有機物以外の物質を【**無機物**】という。

□ 金属には以下の性質がある。

●みがくと【**金属光沢**】が出る。

●電気をよく通す（電気伝導性）。

●引きのばすことができる（【**延**】性）。

●たたいて広げることができる（【**展**】性）。

●熱をよく伝える（熱伝導性）。

注目 磁石につくことは，金属に共通した性質ではない。

□ 金属以外の物質を【**非金属**】という。

□ 上皿てんびんや電子てんびんではかることができる物質そのものの量を【**質量**】という。

□ 物質1cm^{3}あたりの質量を【**密度**】という。単位はg/cm^{3}で表され，物質によって値が決まっている。

注目 g/cm^{3}は，「グラム毎立方センチメートル」と読む。

$$\text{物質の密度〔g/cm}^3\text{〕} = \frac{\text{物質の質量〔g〕}}{\text{物質の体積〔cm}^3\text{〕}}$$

□ メスシリンダーは水平な台に置き，液面のもっとも低い位置を最小目盛りの【$\frac{1}{10}$】まで目分量で読みとる。

まる暗記 1mL = 1cm^3

メスシリンダーの使い方

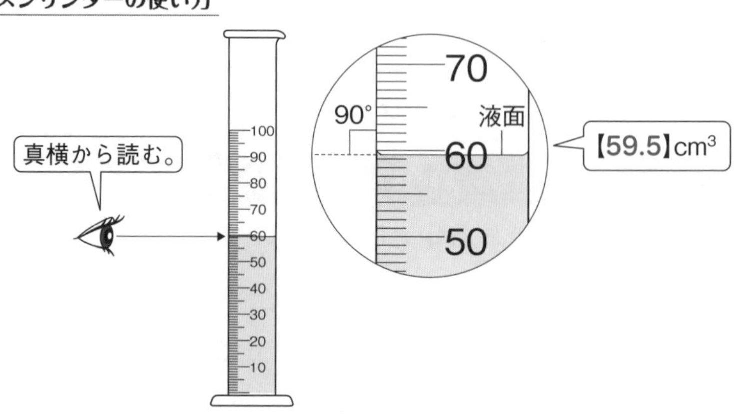

□ 密度が水よりも大きい物質は，水に【**沈む**】。密度が水よりも小さい物質は，水に【**浮く**】。

2章　いろいろな気体とその性質　p.154~p.164

□ 気体の集め方には，次のような３つがある。

注目　水にとけやすい気体は，水上置換法では集められない。

気体の集め方

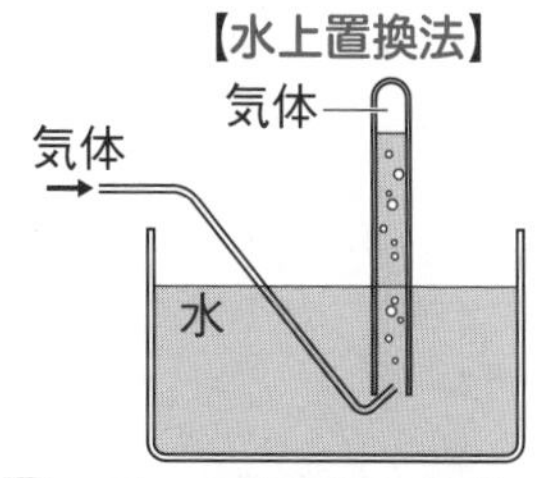

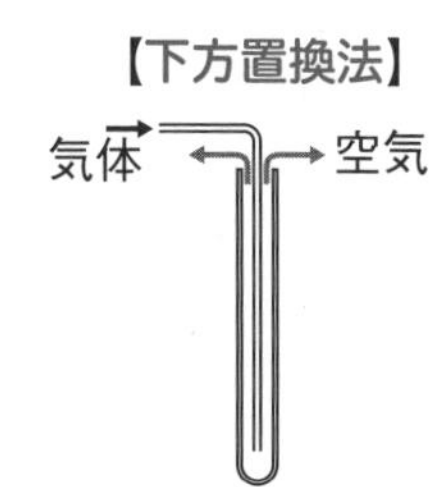

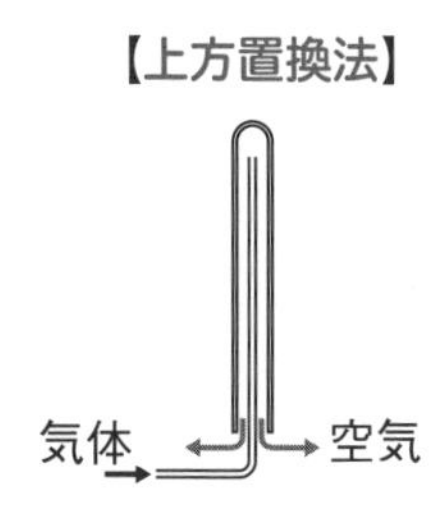

いろいろな気体の性質

気体	水へのとけ方	おもな性質
【酸素】	とけにくい。	ものを燃やすはたらきがある。
【二酸化炭素】	少しとける。	石灰水を白くにごらせる。
【窒素】	とけにくい。	空気中に約 78% ふくまれる。
【水素】	とけにくい。	密度がいちばん小さい。
【アンモニア】	非常にとけやすい。	特有の刺激臭がある。

3章　水溶液の性質　p.165~p.176

□ 水にとけている物質を【溶質】，物質をとかしている液体を【溶媒】といい，溶質が溶媒にとけた液を【溶液】という。溶媒が水の溶液を【水溶液】という。

水溶液

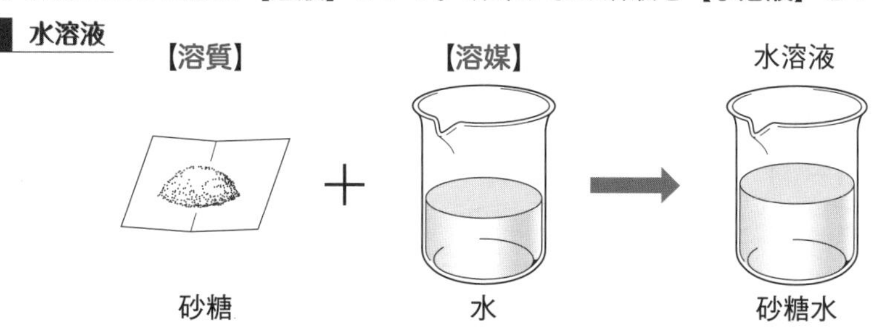

□ 溶液の濃さを，溶液の質量に対する溶質の質量の割合（百分率）で表したものを【質量パーセント濃度】という。

$$質量パーセント濃度〔\%〕=\frac{溶質の質量〔g〕}{【溶液】の質量〔g〕}\times 100$$

□ 溶質が限度までとけている状態を【飽和】しているといい，その水溶液を【飽和水溶液】という。100gの水に物質をとかして飽和水溶液にしたとき，とけた溶質の質量の値を【溶解度】という。

□ 溶解度と温度の関係をグラフに表したものを【溶解度曲線】という。

溶解度と温度の関係

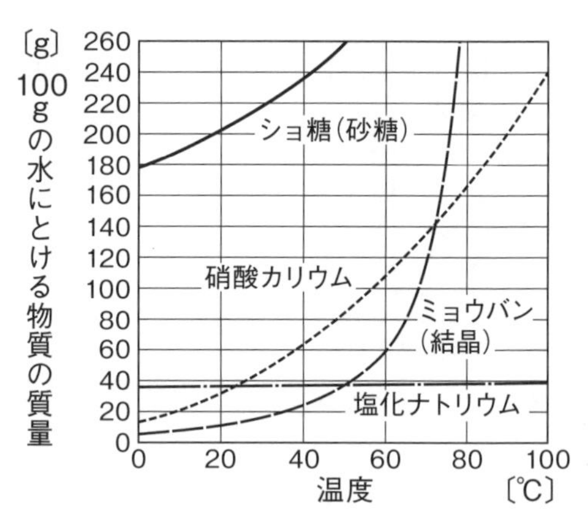

□ 水溶液を冷やしたり水を蒸発させたりするととり出せる，純粋な物質で規則正しい形をした固体を【結晶】という。

□ 物質を溶媒にとかし，温度を下げたり溶媒を蒸発させたりして，再び結晶としてとり出すことを【再結晶】という。

□ 複数の物質が混ざり合ったものを【混合物】，1種類の物質でできているものを【純物質】という。

4章　物質のすがたとその変化　p.177~p.193

□ 固体⇔液体⇔気体のように，物質が状態を変えることを【状態変化】という。状態変化では，【体積】は変化するが【質量】は変化しない。

物質の状態変化

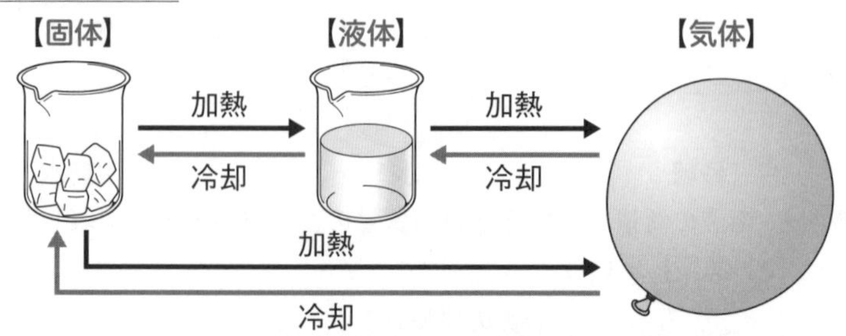

□ 液体が沸騰して気体に変化するときの温度を【沸点】という。

□ 固体がとけて液体に変化するときの温度を【融点】という。

水の状態変化と温度

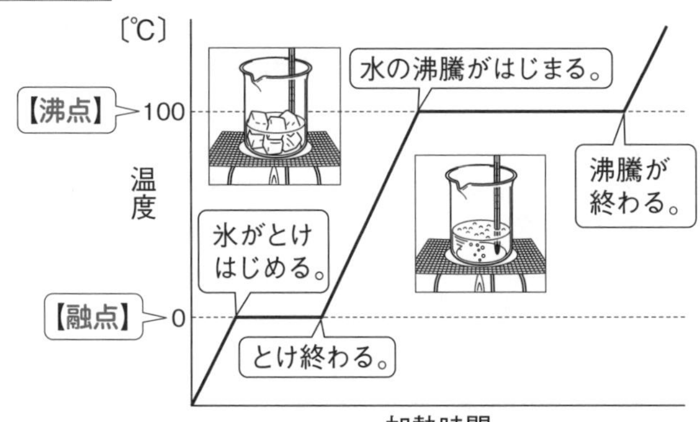

□ 液体を加熱して沸騰させ，出てくる気体を冷やして再び液体にして集める方法を【蒸留】という。

混合物の蒸留では，沸点の低い物質から先に出てくる。

混合物の蒸留

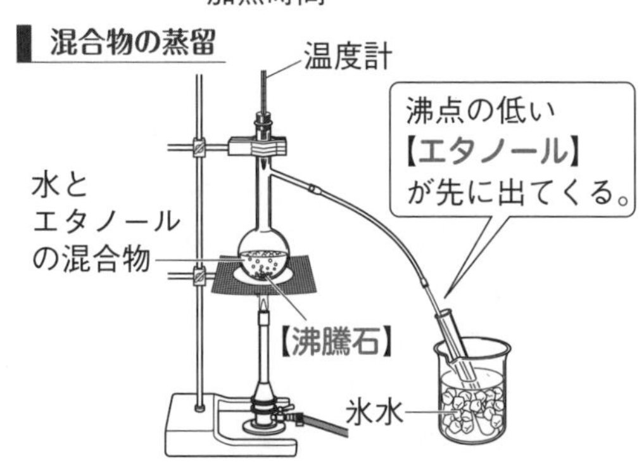

エネルギー　光・音・力による現象

教科書
p.206~p.265

1章　光による現象

p.206~p.227

□ 太陽や電灯のように，みずから光を発するものを【光源】という。

□ 光がまっすぐ進むことを光の【直進】という。

□ 物体の表面で光がはね返ることを光の【反射】という。物体に入ってくる光を【入射光】，はね返った光を【反射光】という。

□ 光が反射するとき，【入射】角と【反射】角は等しい。これを光の【反射の法則】という。

光の反射

【入射】角
【反射】角
【入射光】
【反射光】
鏡の面

まる暗記　入射角＝反射角

□ 物体の表面はでこぼこしているので，光がさまざまな方向に反射する。この現象を【**乱反射**】という。

□ 光が異なる物質どうしの境界へ進むとき，境界面で光が曲がる現象を光の【**屈折**】といい，折れ曲がった光を【**屈折光**】という。

光の屈折

光が空気から水やガラスへ進むとき
入射角＞屈折角

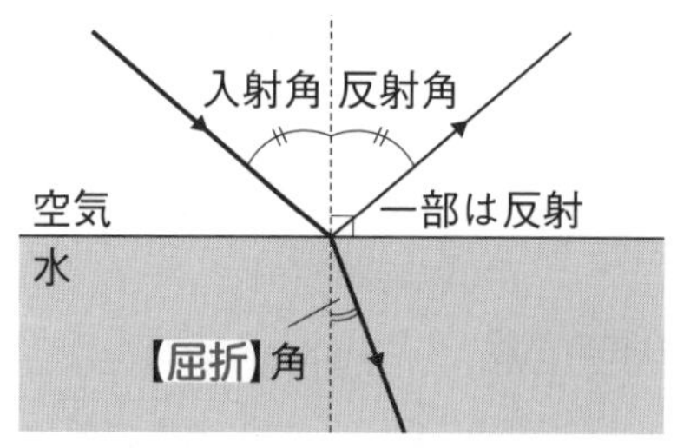

光が水やガラスから空気へ進むとき
入射角＜屈折角

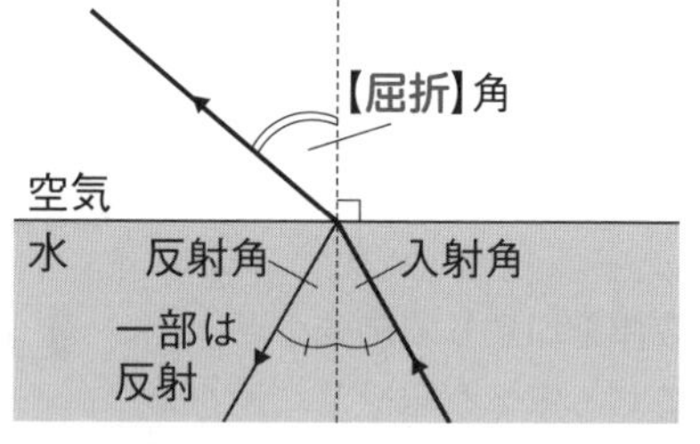

□ 光が水やガラスから空気へ進むとき，入射角を大きくすると，やがて境界面ですべての光が反射する。この現象を【**全反射**】という

□ 太陽の光などの白色光はいろいろな光が混ざっている。【**プリズム**】を使うとそれぞれの色の光が異なる角度で【**屈折**】し，複数の色に分かれて見える。

全反射

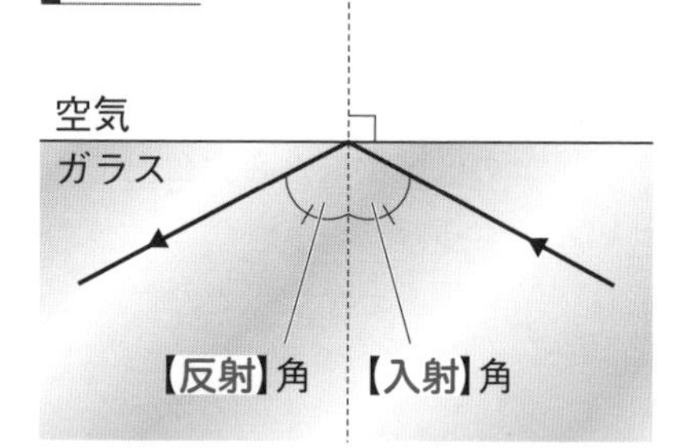

□ 虫眼鏡のように，中央部が厚いレンズを【**凸レンズ**】という。

凸レンズ

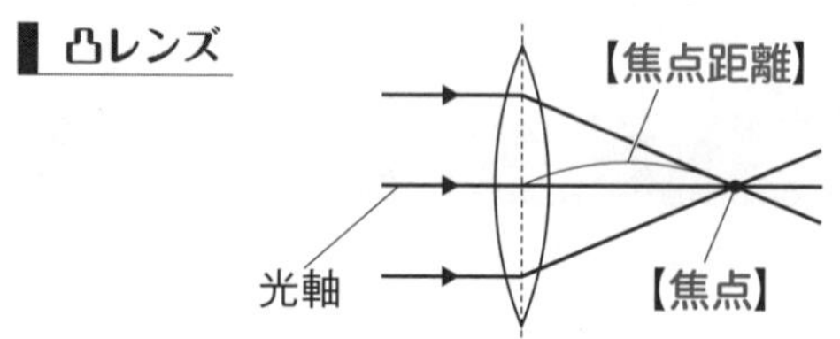

□ 凸レンズによって，実像や虚像ができる。

物体が焦点の外側にあるとき

スクリーンに映る。
焦点
物体
焦点
【実像】

物体が焦点の内側にあるとき

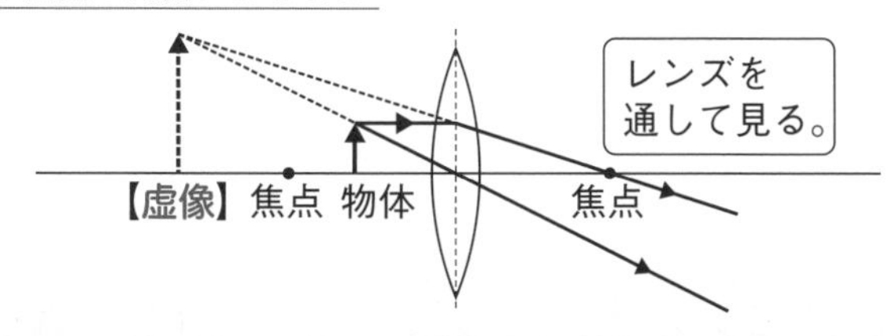

2章　音による現象

p.228~p.237

□ 振動して音を出しているものを【音源（発音体)】という。

□ 音は，振動が次々に伝わる【波】という現象で，あらゆる方向に伝わっていく。

□ 空気中を伝わる音の速さは，約【340】m/s である。

□ 音源の振動の振れ幅を【振幅】，1秒間に音源が振動する回数を【振動数】という。
振動数の単位は【ヘルツ】（記号【Hz】）で表す。

オシロスコープで調べた音の波形

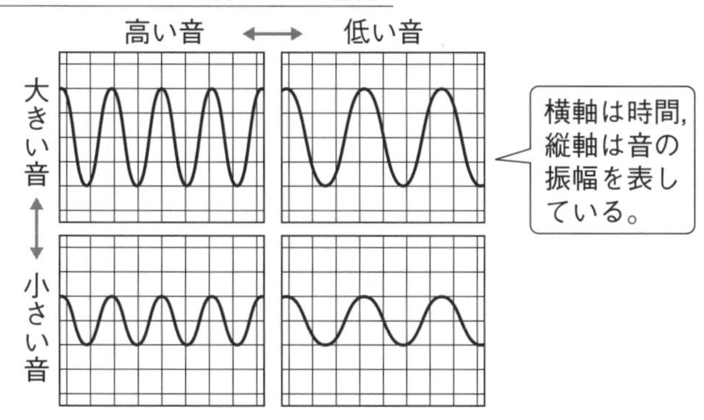

3章　力による現象

p.238~p.255

□ 力には，以下のようなはたらきがある。

●物体を【変形】させる。

●物体の【動き】を変える。

●物体を支える。

□ 物体にはたらく重力の大きさを【重さ】という。

□ 重力や磁力，電気力は，離れていてもはたらく力である。

いろいろな力(1)

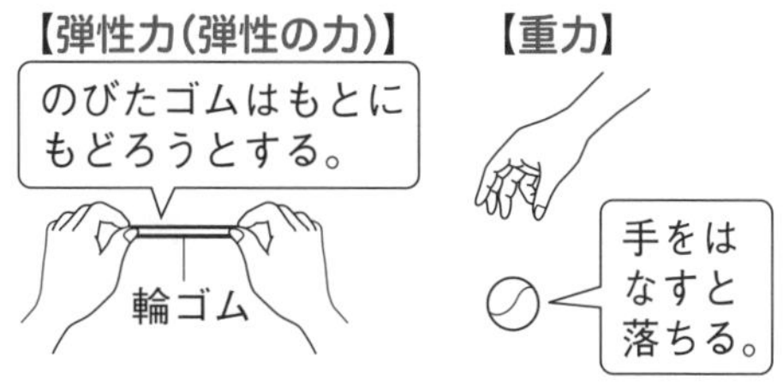

注目　重力は地球の中心に向かって引かれる力である。

いろいろな力(2)

【磁力(磁石の力)】

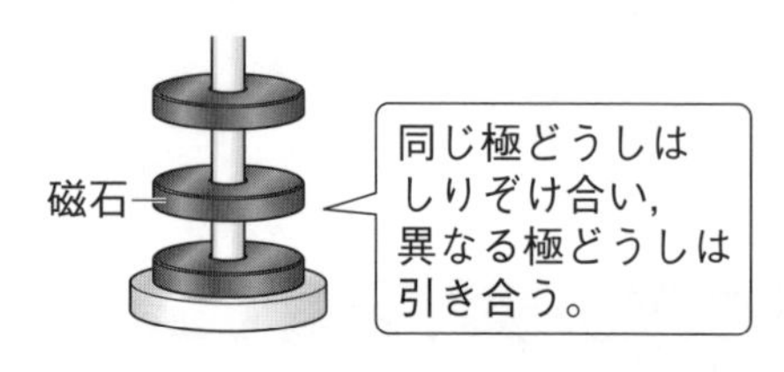

【電気力(電気の力)】

□ 力の大きさの単位には【**ニュートン**】(記号N) が使われる。1Nは約100gの物体にはたらく【**重力**】の大きさと等しい。

□ ばねののびはばねを引く力の大きさに比例する。この関係を【**フックの法則**】という。

□ 場所が変わっても変化しない,物質そのものの量を【**質量**】という。

まる暗記 質量の単位はグラム(g)やキログラム(kg)

□ 力のはたらく点(【**作用点**】),力の向き,力の大きさを,力の【**三要素**】という。

力の表し方

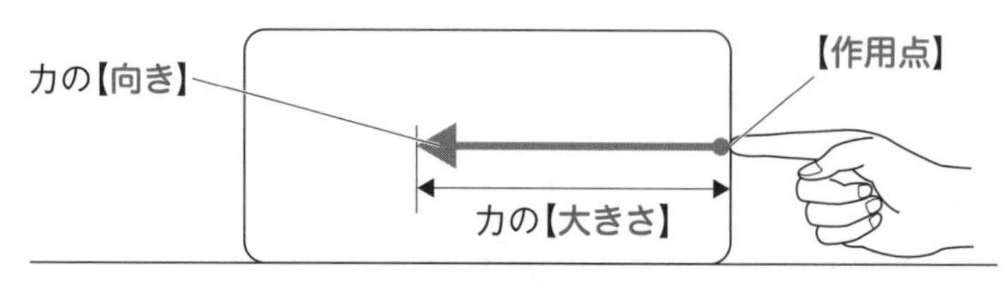

□ 1つの物体にはたらく2つの力が【**一直線**】上にあり,【**反対**】向きで,大きさが【**等しい**】とき,2力はつり合っているという。

□ 物体どうしがふれ合う面で,動こうとする向きと反対向きにはたらく力を【**摩擦力**】という。

□ 物体が面をおすとき,面から物体に対して垂直にはたらく力を【**垂直抗力**】という。

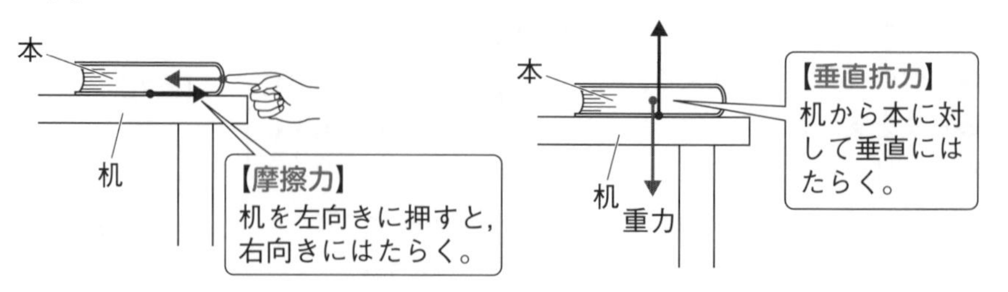

で，折れ線にはせず，上下に点がほぼ同じ数ぐらいに散らばるように直線を引く。

(4)(5)グラフは原点を通る直線であるので，ばねを引く力とばねののびが比例していて，フックの法則が成立しているといえる。

(6)実験の結果から，おもりの質量が40gのとき，つまり，ばねを引く力が0.4 Nのとき，ばねののびは2.0cmであることがわかる。ばねののびが16cm（2.0cmの8倍）になったときは，ばねを引く力の大きさも8倍になっている。よって，

$0.4〔N〕\times 8 = 3.2〔N〕$

3 (1)グラフから，力の大きさが同じときのばねののびは，ばねAのほうが大きいことがわかる。

(2)おもり5個の質量は，$20〔g〕\times 5 = 100〔g〕$

よって，ばねAに加わる力の大きさは，1 Nになる。

(4)グラフより，ばねBに1 Nの力を加えたときのばねののびは2 cmである。求める力の大きさをxとすると，

$1〔N〕: x = 2〔cm〕: 5〔cm〕$

$x = 2.5〔N〕$

4 質量は物体そのものの量なので，地球上でも月面上でも300gで変わらない。重さは物体にはたらく重力の大きさで，地球上で300gの物体にはたらく重さは3 Nとなる。月面上では重力が地球上の$\frac{1}{6}$となるため，300gの物体の重さは0.5 Nとなる。

参考 質量はその物体固有のもので変わらず，重さは物体にはたらく重力により変わると考えるとよい。重力は，地球上でも場所によりちがいがあり，たとえば赤道直下や極地などでちがいは起きる。また，エレベーターやジェットコースターに乗ったとき，一瞬，体が軽くなったり重くなったりすることで，重力を感じることができる。

3章　力による現象(2)

p.60～p.61 ココが要点

①作用点　②力の大きさ

㋐作用点　㋑力の向き

③つり合っている　④摩擦力　⑤垂直抗力

㋒摩擦力　㋓重力　㋔垂直抗力

p.62～p.63 予想問題

1 (1)㋐作用点　㋑力の大きさ　㋒力の向き

(2)右図

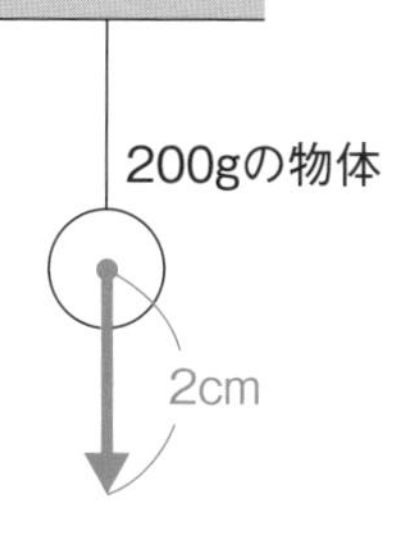

2 (1)2 N　(2)一直線上になっている。

(3)回転して止まる。(もとの向きにもどる。)

(4)・2つの力の大きさは同じである。

・2つの力の向きは反対である。

・2つの力は同一直線上にある。
(作用線が一致する。)

3 (1)①力の矢印…下図　力の大きさ…2 N
力の名前…重力

②力の矢印…下図　力の大きさ…2 N
力の名前…弾性力

(2)　力の矢印…下図　力の大きさ…3 N
力の名前…摩擦力

(3)①力の矢印…次図　力の大きさ…5 N
力の名前…重力

②力の矢印…次図　力の大きさ…5 N
力の名前…垂直抗力

(4)　力の矢印…次図　力の大きさ…2 N
力の名前…垂直抗力

(1)①②　　(2)

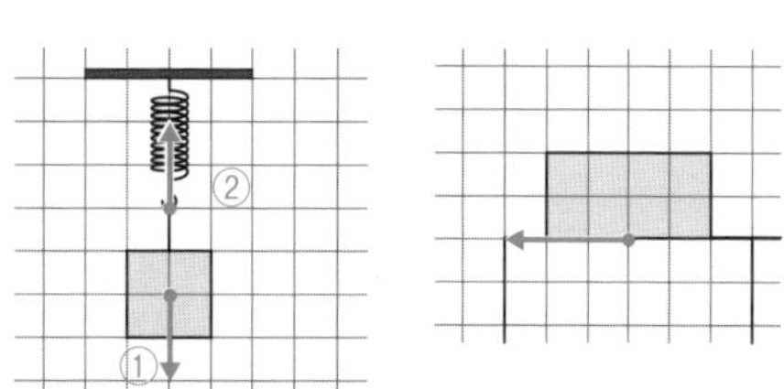

(3)①②　　　　　(4)

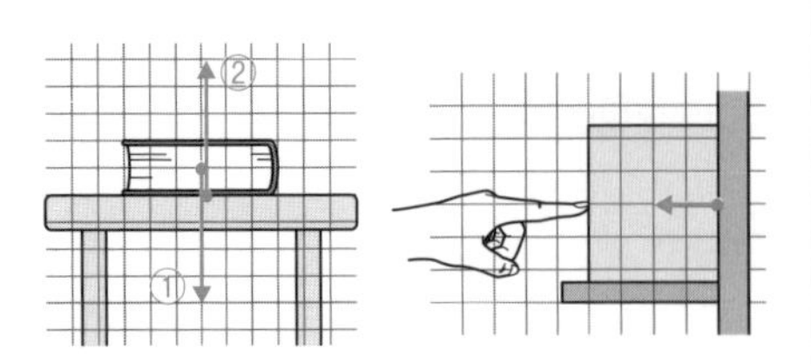

解説

1 (1)作用点，力の大きさ，力の向きを合わせて力の三要素という。

(2)矢印の長さは，力の大きさに比例して表す。

2 A，Bの2方向から引いたとき，厚紙は回転する。2つの力が一直線にあるとき，力はつり合って動かなくなる。このとき，2つの力は反対向きで，同じ大きさである。

3 (1) ポイント 重力は，おもり全体にまんべんなくはたらいているが，それらの力をまとめて，物体の中心にはたらいているものとして，物体の中心を作用点とした1本の矢印で表す。おもりの中心を作用点として，下向きの2Nの重力がはたらく。

(2) ポイント 摩擦力は，物体を動かそうとする向きと反対向き（物体の動きを止める向き）にはたらく。

机と物体の接する面全体に摩擦力が生じるが，面の中心を作用点として，動きを止める向きに3Nの力がはたらいたものとして矢印で表す。

(3)机の上に置いた本には，本の中心から下向きに重力がはたらいている。この本は机の上で静止していることから，机から垂直抗力がはたらいていることがわかる。本と机が接する面の中心を作用点として，上向きに5Nの力がはたらいている。同一直線上にある力を矢印で表すとき，矢印が重なることがある。その場合，わかりやすくするため，矢印を少しずらしてかいてもよい。

(4)摩擦力がはたらいていないため，本を押す力と本だなから本にはたらく垂直抗力がつり合っていることがわかる。

巻末特集　p.64

1 (1)$\frac{1}{4}$～$\frac{1}{5}$

(2)手であおぐようにしてかぐ。

(3)液体が逆流するのを防ぐため。

解説 (1)液を入れすぎると，試験管からあふれる危険があるため，注意する。

(3) 参考 加熱が終わると，装置の中の気体が液体に変化し，加熱中より体積が小さくなるため，試験管の中の液体を吸いこんで逆流してしまう。

液体を加熱する実験では，沸騰石も入れておく。

2 (1)47.2g　(2)6.0cm^3

(3)7.9g/cm^3

解説 (3)$\frac{47.2〔g〕}{6.0〔cm^3〕}=7.86\cdots〔g/cm^3〕$

小数第2位を四捨五入して，7.9g/cm^3

3 (1)(2)

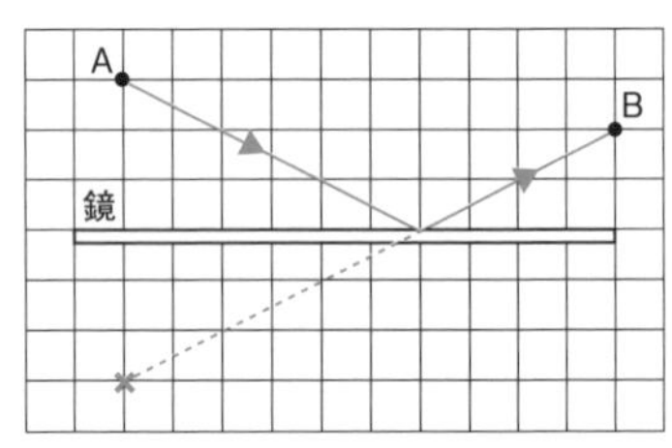

解説 (1)鏡に映る像は，鏡をはさんで物体があるAと対称の位置に見える。

(2)観察者は，光が鏡に映る物体の像から真っ直ぐに進んできたように感じるが，実際の光はAから出て鏡に反射してBに届く。

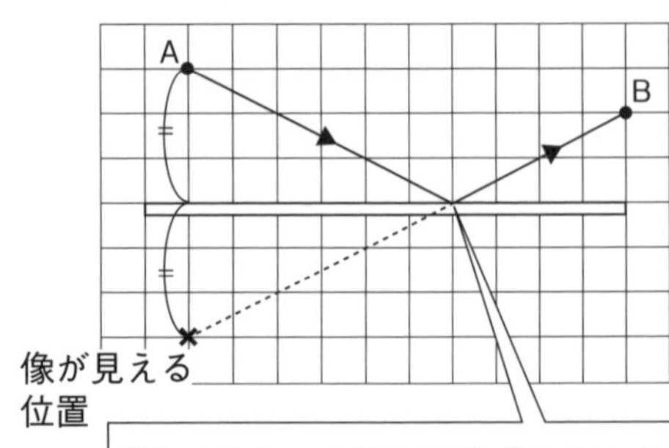

6 5 4
D C B A